光纤通信技术与设备

张海波　范金强　王　艳　编著

国防工业出版社

·北京·

内容简介

本书系统介绍了光纤通信的基本知识、原理、关键技术及应用，包括光纤通信系统基本概念、光纤光缆传输原理与特性、光纤通信设备工作原理及性能指标、光通信器件工作原理和性能、光传输技术及其演进等。本书理论与实践相结合，第1章至第5章附有思考与练习，第6章给出实践操作训练指导。

本书可作为职业院校通信类专业相关课程教材，也可供相关工程技术人员参考。

图书在版编目(CIP)数据

光纤通信技术与设备/张海波，范金强，王艳编著
.—北京:国防工业出版社，2024.3 重印
ISBN 978-7-118-12675-4

Ⅰ.①光… Ⅱ.①张… ②范… ③王… Ⅲ.①光纤通信—通信技术②光纤通信-通信设备 Ⅳ.①TN929.11

中国版本图书馆 CIP 数据核字(2022)第 194096 号

※

国防工业出版社出版发行
(北京市海淀区紫竹院南路 23 号 邮政编码 100048)
北京凌奇印刷有限责任公司印刷
新华书店经售

*

开本 787×1092 1/16 **印张** 7¼ **字数** 155 千字
2024 年 3 月第 1 版第 3 次印刷 **印数** 2001—3000 册 **定价** 36.00 元

国防书店：(010)88540777 书店传真：(010)88540776
发行业务：(010)88540717 发行传真：(010)88540762

前 言

光纤通信经历了50多年突飞猛进的发展,已经成为当前信息传输的重要手段。大数据时代,高清视频、增强现实、无人驾驶等应用场景对网络容量和传输稳定性的要求越来越高,也进一步推动了光传送网的发展。光纤就像数字社会的血管,不断输送着海量数据,连接着世界,创造着价值。

光纤通信网络的可靠运行需要理论扎实、技能过硬的操作维护人员来保障。从事光纤通信系统的操作维护人员大体可分为线务员和机务员两类,他们除了需要了解光纤通信基础知识,更加关注实际光传输设备的操作、光缆线路的维护以及常见光通信器件和光通信仪表的使用。目前,面向高等院校通信工程、电子信息工程、光电信息科学与工程、电子科学与技术等专业的高年级本科生和研究生的光纤通信教材比较丰富,内容系统全面,理论体系严谨,关注技术发展前沿。这些教材对于大多数系统维护人员而言,理论深度难度偏大,却缺少紧贴设备操作、线路维护、仪表使用的实践性指导。

本书针对光纤通信岗位操作维护人员的理论和技能需求,系统介绍光纤通信的基本知识、原理、关键技术和应用,以及线路和设备的操作维护方法,共6章内容。第1章主要介绍光纤通信的概念和特点、光纤通信系统的组成和分类、光通信技术的发展史;第2章主要介绍光纤光缆的结构和分类、光纤导光原理及传输特性;第3章主要介绍光源器件、光检测器、光发射机、光接收机和光放大器的结构、特点、工作原理及技术指标;第4章主要介绍光无源器件的种类、结构特点、工作原理及应用;第5章在介绍SDH技术特点、帧结构、复用原理、开销、设备的逻辑组成及SDH自愈网等内容的基础上,全面梳理了光传输技术的演进;第6章针对光纤通信系统的维护给出实践操作训练指导,同时对实训项目中用到的光通信仪器仪表进行了介绍。

本书结构完整,在内容表述上力求通俗易懂、循序渐进,在介绍光纤通信基本知识的基础上,着重强调工程应用,具有精原理重技能、理论与实践相结合的特点。为了便于知识的理解和巩固,书中配有原理插图和实物图片,第1章至第5章附有思考与练习题。第6章操作维护训练项目的步骤和结论均已通过验证,可按教学计划和教学进度穿插在第1章至第5章的教学中组织训练。比如实训项目1光纤弯曲损耗测试,可以选择在第1章教学内容完成后组织实施,让学生初识光纤,并体会光纤弯曲半径不能过小的特点,同时引出第2章光纤的导光原理、光纤传输特性等教学内容,并且通过此实训项目,使学生学习并掌握光源、光功率计的正确使用。

本书的第1、4章由张海波编写，第2、3章由范金强编写，第5章由王艳编写，第6章由张海波和范金强共同编写，全书由张海波统稿。

限于作者的水平，书中难免存在错误及不妥之处，敬请读者批评指正。

张海波

目 录

第1章 概 述

学习目标

- 掌握光纤通信的系统组成及分类。
- 熟悉光纤通信的特点。
- 了解光纤通信技术的发展史。

光纤通信之所以成为当今世界重要的信息传输手段,是由其自身的特点所决定的。本章从光纤通信采用的载波频率讲起,说明光纤通信的根本优势所在,进而全面介绍光纤通信的优缺点、系统组成和分类,以及光纤通信的发展历史。

1.1 光纤通信的基本概念

光纤通信是利用光导纤维传输光波信号的通信方式。这种通信方式的传输媒介为光导纤维,简称光纤。

1.1.1 为什么使用光纤通信

当代社会是信息社会,人们在工作生活中不断产生信息,并且信息必须在适当的时间以适当的形式传送到适当的地方才能发挥作用。信息量越大,对信息进行无损即时传送的需求也越大。因此,对大多数用户而言,传输系统的信息运载能力是优先考虑的因素。链路的信息运载能力并非无限的,著名的香农公式给出链路能力与带宽、信噪比的关系。

$$C = B \times \log_2(1 + \mathrm{SNR})$$

式中:C 为运载信息能力(b/s);B 为链路带宽(Hz);SNR 为信噪比。

香农公式说明链路运载信息的能力与信道带宽成正比,而带宽就是信号进行传输且没有明显衰减的频率范围。载波频率对传输链路的带宽有重要影响。一般而言,载波的频率越高,信道的带宽就越大,系统的信息传输能力也就越大。进行信号带宽估算的经验规则是:带宽约是载波信号频率的10%。由此推断,使用5GHz 载波的微波信道,其带宽大约为500MHz;而假设光纤传输系统采用100THz 光载波,则估算出单根光纤单载波通信链路带宽可达10THz,是500MHz 微波信道带宽的2 万倍。光是目前通信可用载波信号中频率最高的,因此具有最高的信息运载能力,这也是全球信息传输主干网均采用光纤通信的根本原因之一。

1.1.2 光纤通信所使用的电磁频段

光是一种电磁波，广义上光波范围包括红外线、可见光、紫外线，以及X射线、γ射线等。可见光是电磁波谱中人眼可以感知的部分，可见光由红橙黄绿青蓝紫7种颜色的连续光波组成，红光的波长最长，紫光的波长最短。紧邻红光，波长大于760nm的电磁波属于红外线，又可划分为近红外、中红外、远红外。紧邻紫光，波长小于390nm的电磁波属于紫外线。波长再短就是X射线、γ射线了。除可见光外，其他均为人眼看不见的光，称为不可见光。最为常见的光纤通信系统使用石英光纤作为传输介质，采用的电磁波波长为0.8~1.8μm，属于近红外波段，是不可见光。当然，一些特定场合或实验室中，也有使用其他材质作为光纤材料，注入其他波段光信号进行通信。例如，使用塑料光纤作为传输介质，采用红光进行短距离传输等，本书不作讨论。表1-1所列为通信用电磁波波段划分。

表1-1 通信用电磁波波段划分

频率范围	名称	传输媒介	用途
3Hz~30kHz	甚低频	有线线对、长波无线电	音频传输、导航
30kHz~300kHz	低频	有线线对、长波无线电	导航、信标
300kHz~3MHz	中频	同轴电缆、中波无线电	调幅广播、业余无线电
3MHz~30MHz	高频	同轴电缆、短波无线电	短波广播、军用通信、业余无线电
30MHz~300MHz	甚高频	同轴电缆、米波无线电	电视、调频广播、导航
300MHz~300GHz	微波	波导、微波无线电	微波接力、空间通信、雷达
1THz~10^5THz	光波	光纤、空间激光通信	光通信

1.1.3 光纤通信的特点

与其他通信方式相比，光纤通信主要具有以下优点：

1. 信道带宽宽，传输容量大

1.1.1小节已经分析了光纤通信相对于电缆、微波等通信方式，具有极宽的信道带宽，从而传输容量极大。而且，一根光缆中可以包含几根甚至上百根光纤，如果再在同一根光纤传输时使用波分复用技术，其通信容量惊人。

2. 传输损耗小，中继距离长

目前，光纤的衰减被控制在0.2dB/km以下，无中继距离在百千米以上。在采用相干光通信、光孤子通信等新技术后，无中继距离可提高至几百甚至上千千米，而电缆和微波的无中继距离一般为1.5km和50km。

3. 抗电磁干扰，保密性好

光导纤维是非金属介质材料，且光纤通信中使用的光频率很高，因此不受电磁干扰，可在电气铁路和高压电力线附近通信应用。由于光信号束缚在纤芯内传播，几乎不会产生光纤间的串光现象，这不仅提高光信号的传输质量，而且保证了光缆中光纤的高密度布放。由于光缆中的光波不易泄漏，因此光纤通信系统的保密性能良好。

4. 资源丰富，节约有色金属

制造电缆使用的铜材料，地球上的储量非常有限，而制造光纤使用的SiO_2材料是沙子的主要成分,地球储量丰富。除此之外,石英系光纤的化学性质较为稳定,耐化学腐蚀。

5. 光缆尺寸小、重量轻

光纤的外径只有125~140μm,制成24~48芯光缆后,外径不大于15mm,比电缆细,重量也轻得多,特别适合应用于汽车、飞机、舰船、航天器上的通信系统,也可成功解决城市地下管道拥挤问题。

光纤通信也存在着一些不足,如裸光纤质地脆,无保护的情况下极易断裂;光纤的弯曲半径不宜过小,如果弯曲半径过小,一方面光纤容易折断,另一方面会造成光损耗;由于光纤非常细,耦合不便,进行分路、合路、放大、切断、接续均要特定的技术。

1.2 光通信发展简史

人们一讲到光通信的历史,往往会追溯到我国古代约3000多年前的烽火台,这是军事上使用光通信的例子。烽火台是为防止敌人入侵而建的,遇有敌情发生,白天施烟,夜间点火,台台相连,传递讯息。因此,可以说光通信的起源时间是远早于电通信的。直到目前仍然在使用的信号弹、旗语及交通信号灯,都属于可视光通信的范畴。

1880年,贝尔发明了光话系统,向人们揭示了光波可以用于信息传输。他利用太阳光作为光源,将弧光灯的恒定光束投射到话筒的音膜上,随声音的振动而得到强弱变化的反射光束,然后以大气为传输媒介,用硒晶体作为光接收器件,还原出原始信号。当时的通信距离最远达213m,这可以说是现代光通信的雏形。但是光传输技术早期进展缓慢,原因在于没有合适的光源和传光介质。

1960年,美国科学家梅曼(T. H. Maiman)发明了世界上第一台红宝石激光器,能产生单色相干光,为光通信提供了合适的光源,推动了光通信的进展。

通过改善光源的性能,并用电子调制方式代替机械调制方式,就能够实现大气光通信。大气光通信是一种无线光通信方式,以光波作为信息载体,在大气中直接进行传输,其主要优点包括:可以传输相当远的距离;不用建设线路,投资小。主要缺点包括:通信两点之间必须直线可见,因而收、发端必须建在高处,维护不方便;受天气、气候影响较大。大气光通信的应用在军事领域较为广泛。

继激光器发明后,1966年英籍华人高锟博士和他的同事共同发表了一篇论文,文中指出:只要设法消除玻璃中的各种杂质,使光纤传输衰减降低到20dB/km以下是完全可能的;传输衰耗小于20dB/km的光纤可以用于通信中。由于这一论断和他以后对光纤传输技术的贡献,高锟被称为"光纤通信之父",并于2009年获诺贝尔物理学奖。

1970年,美国康宁玻璃公司拉制出第一根衰减为20dB/km的光纤。同年,贝尔实验室研制成功室温下可以连续工作的半导体激光器。半导体激光器具有体积小、重量轻、功耗低及效率高等优点,是一种理想光源。由于影响光纤通信的两大主要问题(光源和传光介质)都获得了圆满解决,因此1970年被称为"光纤通信元年"。

此后,光纤的损耗不断下降,到1979年已研制出0.2dB/km的低损耗石英光纤。1980年,多模光纤通信系统投入商用,单模光纤通信系统进入现场试验阶段。1986年,美国AT&T公司在西班牙加那利群岛和相邻的特内里弗岛之间,铺设了世界第一条商用海底光缆。1988年和1989年又先后建成跨大西洋海缆和跨太平洋海缆,从而取代了跨洋洲际同轴电缆。

我国光通信研究起步较早,1969 年邮电部就着手研究依靠大气传送光信号完成军用通信,1973 年开始了光纤通信的研究。1982 年我国光纤通信进入实用阶段,到 1998 年已在全国形成“八横八纵”的大容量光纤通信干线传输网。目前,我国光纤通信产业发展之快、应用范围之广、建设规模之大,均居世界前列。

近年来,随着空间通信技术的发展,空间激光通信作为航天器间的一种通信方式,取得了较大发展,成为当前热门的信息通信技术。随着关键技术的不断突破,空间激光通信技术正在向实用化发展,进而满足空天网络日益增长的高数据率和大容量的需求。未来空间将形成一个立体的交叉光网,在大气层内和外太空卫星上形成庞大的高容量通信网,再与地面光纤网相连接,为未来所需的各种通信业务提供高速率的可靠传输。

1.3　光纤通信系统的组成与分类

光纤通信系统是指利用光波作为信息的载波,通过光导纤维来传输信息的通信系统。

1.3.1　光纤通信系统的组成

一个简单的光纤通信系统如图 1-1 所示。一般通信系统是双向传输系统,将光发射机和光接收机做在一块板卡上,构成完整的终端设备,称为光端机。

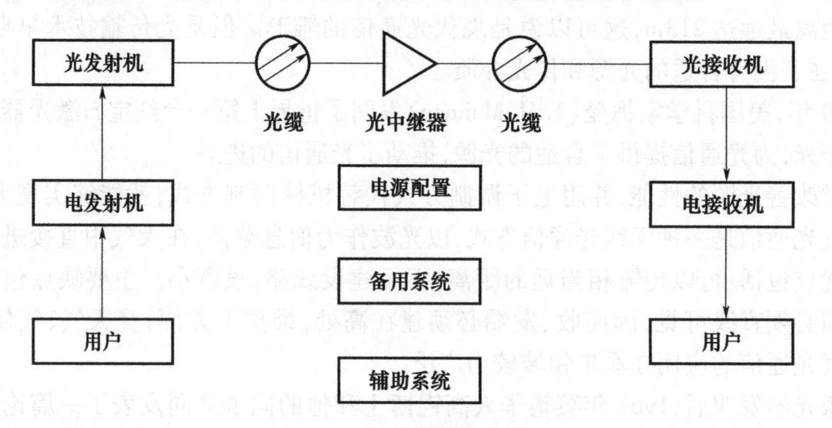

图 1-1　光纤通信系统的组成

光发射机的作用是将电信号转换为光信号,并将生成的光信号注入到光纤;其核心器件是光源。光接收机的作用是将光纤送来的光信号还原成原始的电信号,其核心器件是光检测器。光纤的作用是为光信号的传送提供传送媒介(信道),将光信号从一处送到另一处。如果传输距离过远,就需要在线路上加光电中继器或光放大器,其作用是放大光信号从而延长光信号的传输距离。光电中继器是将经过长途传输后衰减畸变的光信号,先进行光电转换,对电信号进行整形放大后,再转换为光信号注入光纤继续传输。光放大器不进行光/电/光转换,而是直接对光信号进行放大。

1.3.2　光纤通信系统的分类

从不同的角度,可以将光纤通信系统划分为不同的类型。

1. 按调制信号类型分

按调制信号类型分,光纤通信系统分为模拟光纤通信系统和数字光纤通信系统。模拟光纤通信系统使用的调制信号为模拟信号,设备相对简单,多用于视频信号的传输。数字光纤通信系统使用的调制信号为数字信号,具有传输质量高、通信距离长等特点,应用广泛。

2. 按光源调制方式分

按光源的调制方式,光纤通信系统分为直接调制光纤通信系统和间接调制光纤通信系统。直接调制光纤通信系统设备简单,应用广泛;间接调制光纤通信系统调制速率高。

3. 按光纤传导模数量分

按光纤传导模数量分,光纤通信系统分为单模光纤通信系统和多模光纤通信系统。多模光纤通信系统是早期采用的系统,传输距离近,损耗大。单模光纤通信系统传输损耗小、带宽大,传输距离远,目前应用广泛。

4. 按传输波长分

按传输波长分,光纤通信系统分为短波长光纤通信系统、长波长光纤通信系统和超长波长光纤通信系统。长波长光纤通信系统是目前应用主流。

5. 按材质分

按使用的光纤材质分,光纤通信系统分为玻璃光纤、塑料光纤、液态光纤等。

本章小结

本章介绍了光纤通信的基本概念,解释了为什么光纤通信成为当今社会进行大容量高速信息传输的主要手段,总结了光纤通信的主要特点,阐述了光纤通信的发展简史,并简要介绍了光纤通信系统的基本组成和分类。

光纤通信系统是指利用光波作为信息的载波,通过光导纤维来传输信息的通信系统。光纤通信所使用的传输介质是光纤,信息传输的载波是光波。华人科学家高锟首先提出光纤通信的概念,被称为“光纤通信之父”。光纤传输具有大带宽、低损耗等优点,使光纤通信系统在信息通信领域得到广泛应用。光纤通信系统主要由光发射机、光接收机、光纤光缆构成。由于光纤质地脆、耦合难、不宜大幅弯曲,在使用中要加以注意。

思考与练习

1. 相对于电通信方式,光纤通信的主要特点有哪些?
2. 通信用光频率约为300THz,求光波长。
3. 北京交通广播电台频率为103.9MHz,试问该电磁波的波长约为多少?
4. Wi-Fi信号波长约为12.5cm,试求Wi-Fi信号的工作频率。
5. 光纤通信系统由哪几个主要部分构成?各部分的主要作用是什么?

第2章　光纤与光缆

学习目标

- 了解光纤光缆基本结构、分类。
- 掌握光纤的导光原理，明确光在光纤中传播所需要的条件。
- 理解相对折射率差 Δ 和数值孔径 NA 两个重要参数。
- 掌握光纤的两个传输特性。

光纤是通信网络的优良传输介质，是构成光纤通信系统的重要组成部分，它提供了光信号传输的信道。光纤具有信息传输容量大、中继距离长、不受电磁场干扰、保密性能好和使用轻便等优点。为保证光纤性能稳定，系统运行可靠，必须根据实际使用环境设计各种结构的光纤和光缆。本章从应用的角度简要介绍光纤的导光原理、光纤和光缆的类型和特性，讨论光纤的传输特性。

2.1　光纤的结构和分类

2.1.1　光纤的结构

光纤是光导纤维的简称，常见的光纤外径一般为 125 ~ 140μm，芯径一般为 3 ~ 100μm。光纤在光通信系统中的作用是在不受外界干扰的条件下，低损耗、小失真地将光从一端传送到另一端。

光纤的基本结构一般是双层或多层的圆柱体，如图 2 - 1 所示。中心部分是纤芯，纤芯以外的部分称为包层。纤芯的作用是传导光，包层的作用是将光波封闭在光纤中传播。为了达到传导光波的目的，需要使纤芯材料的折射率 n_1 大于包层的折射率 n_2。为了实现纤芯与包层的折射率差，需要使纤芯与包层的材料有所不同。目前，实际纤芯的主要成分是石英。如果在石英中掺入一定的掺杂剂，就可作为包层材料。经这样的掺杂后，上述目的就可达到了。目前广泛应用的掺杂剂主要是二氧化锗（GeO_2）、五氧化二磷（P_2O_5）、三氧化二硼（B_2O_3）、氟（F）。前两种用于提高石英材料的折射率，后两种用于降低石英材料的折射率。

实用的光纤并不是裸露的玻璃丝，而是要在它的外面附加保护层，以保护光纤，增加光纤的强度。经过涂覆以后的光纤称为光纤芯线。涂覆有一次涂覆和二次涂覆。光纤可分为紧套光纤和松套光纤，紧套光纤是二次涂覆光纤，其目的是为了减小外应力对光纤的作用。紧套光纤的一个优点是结构相对简单，无论是测量还是使用都比较方便。松套光纤是光纤可以在套塑层中自由活动,其优点主要是力学性能好,具有较好的耐侧压力,温度特性好,防水性能好,管中充有油膏,可防止水分进入,有利于提高光纤的稳定可靠性,便于成缆,一般不会引入附加损耗。松套光纤一般都制成一管多芯的结构。

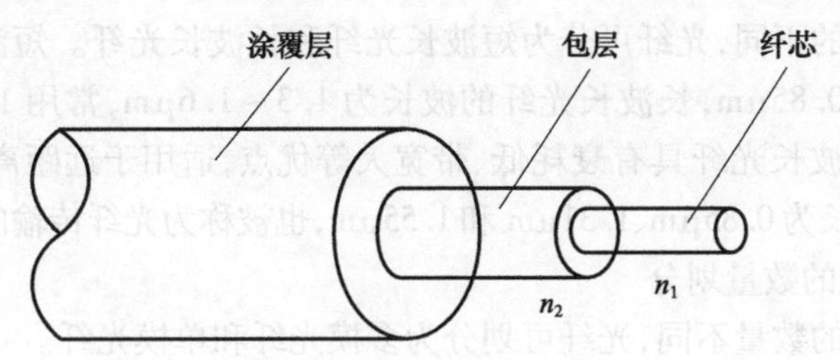

图2-1　光纤的基本结构

2.1.2　光纤的分类

1. 按材料划分

根据光纤制作材料的不同,光纤可分为石英光纤、塑料光纤、液芯光纤等。石英光纤以二氧化硅为主要成分,也称石英玻璃光纤,是光纤通信系统应用最为广泛的一类光纤。塑料光纤是由高透明聚合物如聚苯乙烯作为芯层材料,氟塑料作为皮层材料的一类光纤,可用于接入网的最后几百米,也可用于汽车、飞机等运载工具,是较优质的短距离数据传输介质。液芯光纤以液体材料作为纤芯,聚合物材料作为光学包层和保护层,具有大芯径、大数值孔径、光谱传输范围广的特点,主要应用于光谱治疗、荧光检测等。

2. 按折射率分布划分

根据光纤横截面上折射率分布的不同,光纤可被划分为阶跃型光纤和渐变型光纤,如图2-2所示,图中 a 为纤芯半径,b 为包层半径。

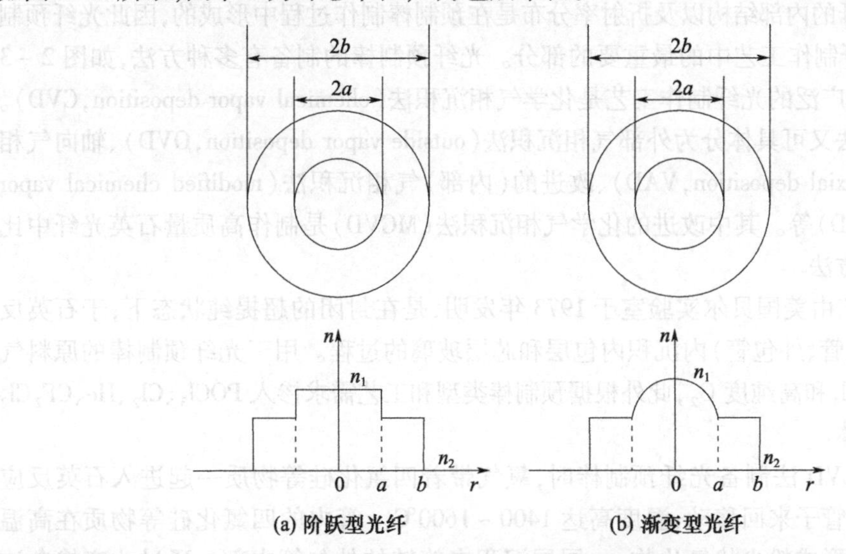

图2-2　光纤按折射率分布划分

从图2-2可以看出,阶跃型光纤在纤芯区域和包层区域内,其折射率是均匀分布的,其值分别用n_1和n_2表示,且$n_1 > n_2$,而在纤芯与包层的分界面处,折射率是阶跃变化的;渐变型光纤在光纤轴心处的折射率最大,达到n_1,而沿截面径向折射率逐渐变小,至纤芯与包层的分界面,折射率降为n_2,包层区域内,折射率为n_2,且均匀分布。

3. 按传输波长划分

根据传输波长的不同,光纤可分为短波长光纤和长波长光纤。短波长光纤的波长为0.8~0.9μm,常用0.85μm,长波长光纤的波长为1.3~1.6μm,常用1.31μm和1.55μm两种工作波长。长波长光纤具有衰耗低、带宽大等优点,适用于远距离、大容量的光纤通信。光纤的传输波长为0.85μm、1.31μm和1.55μm,也被称为光纤传输的3个低损耗窗口。

4. 按传输模式的数量划分

根据传输模式的数量不同,光纤可划分为多模光纤和单模光纤。

当光在光纤中传播时,如果光纤纤芯的几何尺寸(芯径)远大于光波波长,光在光纤中会以几十种乃至几百种传播模式进行传播,此时光纤称为多模光纤。多模光纤的纤芯直径一般为50μm。多模传输会产生模式色散现象,导致光纤的带宽变窄,传输容量降低,因此多模光纤适用于小容量或短距离的光纤通信系统。

单模光纤是指当光纤的几何尺寸(芯径)较小,与光波长在同一数量级,如芯径在4~10μm范围时,光纤只允许一种模式(基模)在其中传播,其余的高次模全部截止,这样的光纤称为单模光纤。单模光纤避免了模式色散,适用于大容量远距离的光纤通信系统。

2.1.3 光纤的制造

光纤是用高纯度的玻璃材料制成的。其制作过程可分为制棒和拉丝两个步骤。

1. 制备光纤预制棒

制作光纤的第一步就是制备一根玻璃棒,该玻璃棒称为光纤预制棒,将预制棒拉制成丝就是光纤的纤芯和包层部分。光纤预制棒的长度一般为1~2m,直径为1~6cm或更大。由于光纤的内部结构以及折射率分布是在预制棒制作过程中形成的,因此光纤预制棒的制备是光纤制作工艺中的最重要的部分。光纤预制棒的制备有多种方法,如图2-3所示,目前应用广泛的光纤制作工艺是化学气相沉积法(chemical vapor deposition,CVD)。化学气相沉积法又可具体分为外部气相沉积法(outside vapor deposition,OVD)、轴向气相沉积法(vapor axial deposition,VAD)、改进的(内部)气相沉积法(modified chemical vapor deposition,MCVD)等。其中改进的化学气相沉积法(MCVD)是制作高质量石英光纤中比较稳定可靠的方法。

MCVD工艺由美国贝尔实验室于1973年发明,是在封闭的超提纯状态下,于石英反应管(也称衬底管、外包管)内沉积内包层和芯层玻璃的过程。用于光纤预制棒的原料气体有$SiCl_4$、$GeCl_4$和高纯度O_2,此外根据预制棒类型和工艺需求掺入$POCl_3$、Cl_2、He、CF_2Cl_2等辅助原料气体。

在采用MCVD法制备光纤预制棒时,氧气带着四氯化硅等物质一起进入石英反应管,氧焰喷灯沿管子来回移动,温度高达1400~1600℃。管内的四氯化硅等物质在高温下起氧化反应,形成粉尘状氧化物,一层层沉积在旋转的外包管内部。通过改变掺杂浓度来改变层与层间的折射率,从而控制折射率剖面的变化。芯层的折射率比内包层的折射率稍高,可选择折射率高的材料如三氯氧磷、四氯化锗等作为掺杂剂。最终,将玻璃管加热熔融成实心的预制棒。

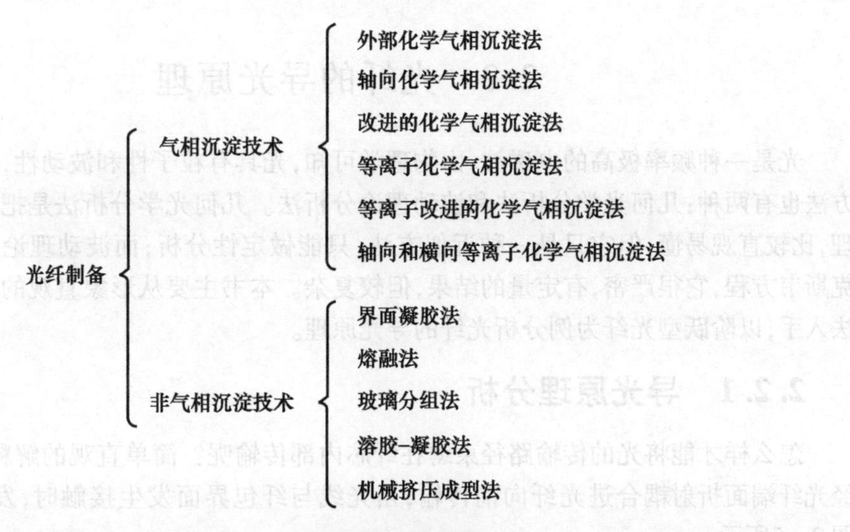

图2-3 光纤预制棒的制备方法

2. 拉制光纤

拉制光纤的过程简称拉丝。将光纤预制棒垂直固定在馈送装置上,以合适的速度进入加热炉。预制棒受热软化,在重力作用下下垂变细,从而拉制成又长又细的光纤。拉丝过程中,预制棒原有的折射率分布和芯包层外径比是不变的。同时,拉制过程中必须精确控制光纤的直径。

拉制好的光纤,要立刻加上第一涂覆层,用以保护光纤免受潮气和损伤。通常,在拉制过程中还会进行二次涂覆,用以增强缓冲作用,增加光纤的抗挤压能力。涂覆层材料可以是丙烯酸酯、聚酰亚胺等。

制出的光纤产品要经过性能测试,保证最小的抗张强度要求。图2-4为光纤拉制工艺示意图。

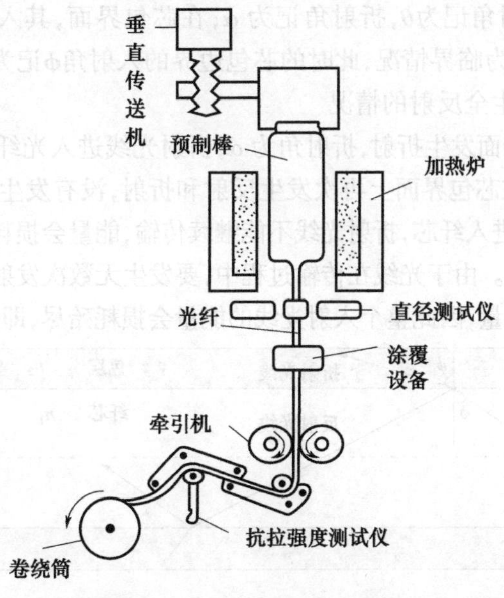

图2-4 光纤拉制工艺示意图

2.2 光纤的导光原理

光是一种频率极高的电磁波，由物理学可知，光具有粒子性和波动性，其对应的分析方法也有两种：几何光学分析法和波动理论分析法。几何光学分析法是把光作为光线处理，比较直观易懂，但它只是一种近似方法，只能做定性分析；而波动理论分析法要解麦克斯韦方程，它很严密，有定量的结果，但较复杂。本书主要从形象直观的几何光学分析法入手，以阶跃型光纤为例分析光纤的导光原理。

2.2.1 导光原理分析

怎么样才能将光的传输路径束缚在纤芯内部传输呢？简单直观的解释是，入射光线经光纤端面折射耦合进光纤向前传输，当光线与纤包界面发生接触时，发生全反射，如图2－5所示。

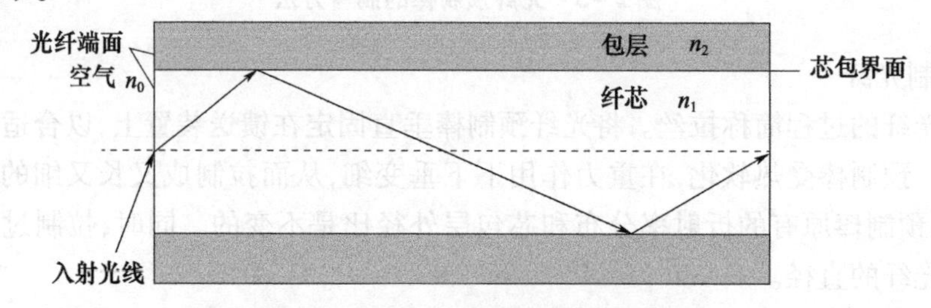

图2－5 光在阶跃光纤中传输示意图

光线通过光纤端面耦合进光纤中传播，需要通过3种介质和2种界面。这3种介质是空气、纤芯和包层。我们设定空气的折射率为n_0（$n_0 \approx 1$），纤芯的折射率为n_1，包层的折射率为n_2。空气和纤芯端面形成光纤端面，纤芯与包层之间是芯包界面。如图2－6所示，在光纤端面，其入射角记为θ，折射角记为α；在芯包界面，其入射角记为ϕ，折射角记为ϕ_1。当$\phi_1 = 90°$时称为临界情况，此时的芯包边界的入射角ϕ记为ϕ_c，如图2－7所示。

1. 纤包界面未发生全反射的情况

入射光线在光纤端面发生折射，折射角为α，折射光线进入光纤纤芯。当折射角ϕ_1小于90°时，折射光线会在芯包界面上再次发生反射和折射，没有发生全反射，折射光线进入包层，而反射光线再次进入纤芯，折射光线不能继续传输，能量会损耗掉，只剩下反射光线继续传输，如图2－6所示。由于光线在传输过程中，要发生无数次发射和折射，每一次都会因为折射而损失一部分能量，因此整个入射光线的能量会损耗殆尽，即会严重限制传输距离。

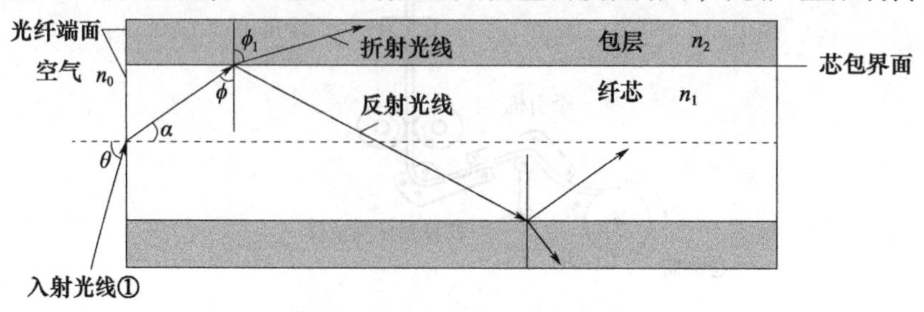

图2－6 部分光进入包层状态

2. 临界状态时光线的传播情况

逐渐减小入射光线在光纤端面上的入射角 θ（图 2-6），折射角 α 会随之减小，芯包界面上的入射角 ϕ 和折射角 ϕ_1 会相应增大。当光线在光纤端面上的入射角 θ 减小至 θ_0 时，即从入射光线①变为入射光线②时，恰好使光线在芯包界面上的折射角 $\phi_1=90°$，这就是临界状态，如图 2-7 所示。设此时的入射角 $\phi=\phi_c$，则在光纤端面上有折射角 $\alpha_0=90°-\phi_c$。

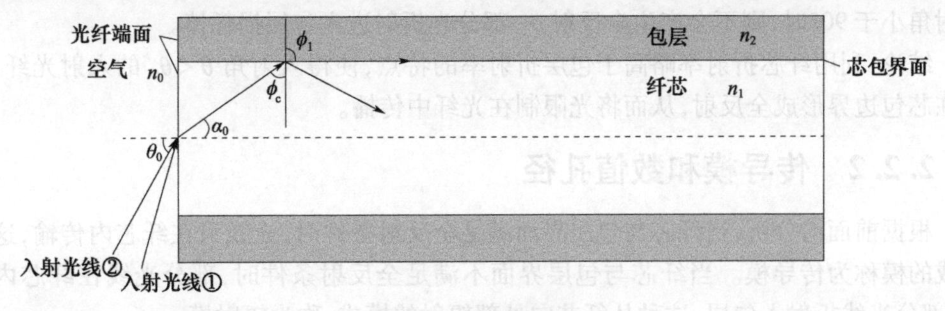

图 2-7　临界状态

现在来求光纤端面上的入射角。根据折射定理，有

$$n_0\sin\theta_0=n_1\sin\theta=n_1\sin(90°-\phi_c)=n_1\cos\phi_c$$

因为 $n_0=1$，所以，有

$$\sin\theta_0=n_1\cos\phi_c$$

$$\cos\phi_c=\sqrt{1-\sin^2\phi_c}=\sqrt{1-\left(\frac{n_2}{n_1}\right)^2}=\frac{1}{n_1}\sqrt{n_1^2-n_2^2}$$

$$\sin\theta_0=\sqrt{n_1^2-n_2^2} \tag{2-1}$$

3. 芯包边界发生全反射的情况

当光线在光纤端面上入射角 θ 进一步减小（图 2-6），在芯包界面上的入射角 $\phi>\phi_c$，则出现如图 2-8 所示的情况，即从入射光线②变为入射光线③，光将全部反射回纤芯中。根据全反射定律，反射回纤芯的光线，在向另一侧纤芯与包层界面入射时，入射角保持不变，也就是说，这种光线可以在纤芯中不断发生全反射，而不产生折射，这就实现了将全部光线束缚在纤芯内传播的目的。

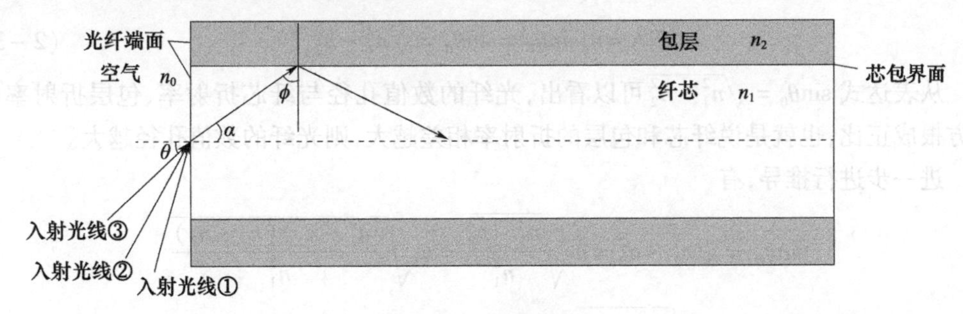

图 2-8　全反射状态

当折射角 $\phi_1=\frac{\pi}{2}$时，临界角 ϕ_c 的正弦为

$$\sin\phi_c=\frac{n_2}{n_1} \tag{2-2}$$

可见 ϕ_c 的大小由纤芯的包层与纤芯材料的折射率之比决定。

根据上面的分析可知:光线以 θ_0 的角度入射耦合进光纤,在界面 2 的入射角为 $\phi = \phi_c$,折射角为 $\phi_1 = 90°$,此时有一微弱的光线沿界面传播;当光线在界面 1 上入射角小于 θ_0 时,在界面 2 上的入射角则大于 ϕ_c,在芯包界面发生全反射,光线在纤芯内部不断发生全反射向前传播;当光线在界面 1 上入射角大于 θ_0 时,在界面 2 上的入射角则小于 ϕ_c,折射角小于 90°时,则不会产生全反射,一部分光折射进入包层损耗掉。

结论:利用纤芯折射率略高于包层折射率的特点,使得入射角 $\theta < \theta_0$ 的入射光纤,能够在芯包边界形成全反射,从而将光限制在光纤中传播。

2.2.2 传导模和数值孔径

根据前面的分析,当纤芯与包层界面满足全反射条件时,光线只在纤芯内传输,这样形成的模称为传导模。当纤芯与包层界面不满足全反射条件时,部分光线在纤芯内传输,部分光线折射入包层,这种从纤芯向外部辐射的模式,称为辐射模。

这样的结论只是一种近似,当进一步研究光的波动性和光波的相位一致条件时,应加以修正。只有既满足全反射条件又满足相位一致条件的光线束才称为传导模。

实际上,θ 是个如图 2-9 所示的一个圆锥角,其范围达到 2θ,我们用 $2\theta_0$ 的大小表示光纤对光可接受的范围。也就是说,凡是入射的圆锥角在 $2\theta_0$ 以内的光线才可以满足全反射的条件来进行传输。

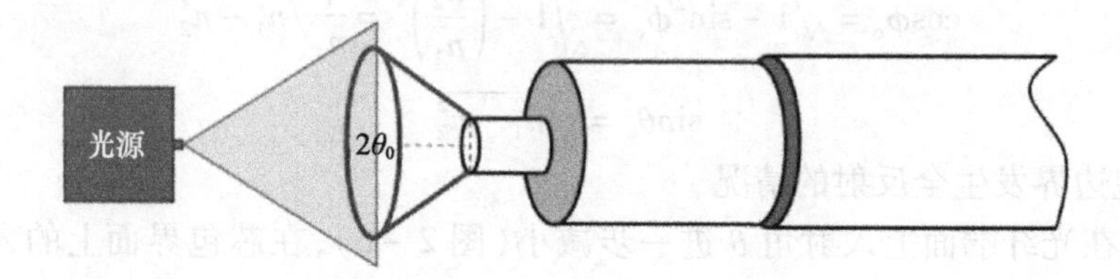

图 2-9 光源入射到光纤的示意图

接收角最大值 θ_0 的正弦与 n_0 的乘积,称为光纤的数值孔径,用 NA 表示。从空气进入纤芯的入射角 θ_0 称为数值孔径角。NA 表征了光纤的接收光能力。

$$\mathrm{NA} = n_0 \sin\theta_0 = \sin\theta_0 = \sqrt{n_1^2 - n_2^2} \tag{2-3}$$

从表达式 $\sin\theta_0 = \sqrt{n_1^2 - n_2^2}$ 可以看出,光纤的数值孔径与纤芯折射率、包层折射率的平方根成正比,也就是说纤芯和包层的折射率相差越大,则光纤的数值孔径越大。

进一步进行推导,有

$$\begin{aligned}\sin\theta_0 &= \sqrt{n_1^2 - n_2^2} = n_1\sqrt{\frac{n_1^2 - n_2^2}{n_1^2}} = n_1\sqrt{\frac{(n_1 - n_2)(n_1 + n_2)}{n_1^2}} \\ &\approx n_1\sqrt{2\frac{n_1 - n_2}{n_1}} = n_1\sqrt{2\Delta}\end{aligned}$$

即

$$\mathrm{NA} = n_1\sqrt{2\Delta} \tag{2-4}$$

这里出现了相对折射率差 Δ。物理量相对折射率差 Δ 表示纤芯与包层折射率相差的程度。

$$\Delta=\frac{n_1-n_2}{n_1} \tag{2-5}$$

相对折射率差Δ增大,数值孔径NA也随之增大。对单模光纤,Δ为0.1%~0.3%,对阶跃型多模光纤,Δ为1%~3%。NA越大,纤芯对光能量的束缚越强,光纤抗弯曲性能越好。但NA越大,经光纤传输后产生的输出信号展宽越大,因而限制了信息传输容量,所以要选择适当的NA。

2.3　光纤的传输特性

光纤的特性包括传输特性、光学特性、几何特性和温度特性等,这里重点介绍传输特性。传输特性主要包括损耗特性和色散特性。

2.3.1　光纤的损耗

1. 损耗的概念

光纤的损耗是指光纤中的光信号功率随传输距离的增加而减小的现象,也称为衰减。光纤传播的光能有一部分在光纤内部被吸收,有一部分可能辐射到光纤外部,使光能减少,产生损耗。光纤的损耗制约了光纤传输系统的无中继距离。

2. 损耗的分类

按照损耗产生的原因,光纤的损耗主要分为吸收损耗、散射损耗和弯曲损耗。

(1)吸收损耗是制造光纤的材料自身以及其中的过渡金属杂质和氢氧根离子对光的吸收而产生的。

(2)散射损耗是由于介质的不均匀性使光线朝四面八方散开,造成损耗。散射损耗主要包括瑞利散射和波导散射。瑞利散射是在光纤制作过程中的不均匀压缩导致的颗粒散射;而波导散射是由于光纤结构缺陷(界面、芯径、圆度、气泡)所导致的。

(3)弯曲损耗是由于光纤弯曲而造成的损耗。弯曲损耗可分为宏弯损耗和微弯损耗。宏弯是指曲率半径比光纤的直径大得多的弯曲,也就是整个光纤轴线的弯曲。因为在光纤敷设和使用中,宏弯是不可避免的,因此宏弯损耗无法根本消除。经验法则是,长期应用的光纤,弯曲半径要超过包层直径150倍;短期应用的光纤,弯曲半径应超过包层直径的100倍。微弯是指光纤因受到侧压而产生微米级弯曲,也就是指光纤轴线上微小的畸变。无论是宏弯和微弯,都会造成光纤中的光泄漏,导致光能减少。因此在使用光纤时要避免大幅弯曲和挤压。

3. 衰减(损耗)系数

衰减(损耗)系数定义为

$$\alpha=\frac{10}{L}\lg\frac{P_i}{P_o}(\mathrm{dB/km}) \tag{2-6}$$

式中:L为光纤的长度(km),P_i和P_o分别为输入光功率和输出光功率(mW或W),衰减系数α表示单位长度光纤引起的光功率的损耗(dB/km)。衰减系数与波长的关系曲线称为衰减谱,如图2-10所示。

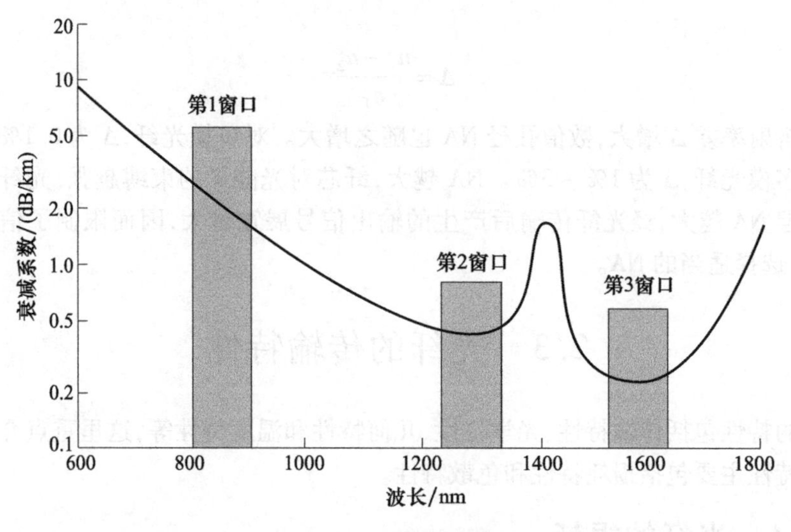

图2-10 光纤的衰减谱

在衰减谱上，衰减系数较低所对应的波长，称为窗口，常说的工作窗口是指下列波长：$\lambda_1=0.85\mu m$、$\lambda_2=1.31\mu m$、$\lambda_3=1.55\mu m$。

2.3.2 光纤的色散

1. 色散的概念

光纤色散是指集中的光能（光脉冲），经过光纤传输后在输出端发生能量分散，导致传输信号畸变的一种现象。在数字光纤通信系统中，由于信号的各频率成分或各模式成分的传输速度不同，光脉冲在光纤中传输一段距离后被展宽。严重时，可能出现前后脉冲互相重叠的现象，造成码间干扰，增加误码率，使光纤的带宽变窄，传输容量下降。

2. 色散的分类

光纤色散主要包括以下4种：

（1）模式色散。模式色散是指多模光纤中，由于各导模之间群速度不同造成的模间色散。由于光纤对各种模式的传输常数不同，经光纤传输后，在光纤的输出端光脉冲的宽度大于光纤输入端光脉冲宽度。

（2）材料色散。材料色散是由光纤材料的折射率随光频率呈非线性变化以及模式内部不同波长成分的光有不同的群速度导致的脉冲波形畸变。

（3）波导色散。波导色散是某个导模在不同波长下的群速度不同引起的色散，它与光纤结构的波导效应有关，因此又称结构色散。

（4）偏振模色散。普通单模光纤实际上传输的是两个相互正交的模式，若光纤中存在不对称现象，两个偏振模的传输速度也会不同，从而导致各自的群时延不同，形成偏振模色散（PMD）。

多模光纤的模式色散是起主导作用的色散类型，它最终限制了多模光纤的带宽。单模光纤只传输一个模式，没有模式色散，因而带宽很宽，其色散主要是波导色散和材料色散。

在光纤通信中，就某种意义来说，色散和带宽是一个概念。由于单模光纤的带宽比多模光纤宽得多，对信号的畸变或展宽很小，所以多模光纤一般用带宽表示，而单模光纤一般用色散表示。

带宽是光纤的一个重要参数,它的大小决定了光纤通信系统的传输码速和最大通信容量。从频域来看,光纤类似于一个低通滤波器,光脉冲经过光纤传输后,其幅度随着调制频率的增加而减小,直至幅度为零;同时脉冲的宽度却发生展宽,频率越高,展宽越严重,以致相邻脉冲互相重叠,严重时可能导致通信中断。

3. 色散系数

光纤色散的大小是用色散系数来衡量的。色散系数定义为单位谱线宽度的光源发出的光入射到光纤中,传输单位距离所引起的时延差,即

$$D=\frac{\Delta\tau}{\Delta\lambda\cdot L}\quad(\mathrm{ps/(nm\cdot km)})\tag{2-7}$$

式中:D 为色散系数;$\Delta\tau$ 为时延差(ps);$\Delta\lambda$ 为光源谱宽(nm),L 为光纤长度(km)。

例如,中心波长为 1.31μm 的 LD 光源,谱宽 $\Delta\lambda=4\mathrm{nm}$,其发射光在色散系数为 3.5ps/(nm·km)的光纤中传输 1km,则材料色散造成的时延 $\Delta\tau=D\cdot\Delta\lambda\cdot L=3.5\times4\times1=14\mathrm{ps}$,即时延展宽为 14ps。

2.4　光缆的结构与分类

带有涂覆层的光纤,虽然具有一定抗拉强度,但还是经不起工程应用中的弯折、扭曲和侧压力的作用。欲使光纤达到工程应用的要求,必须通过绞合、套塑、金属铠装等措施,把若干根光纤组合在一起,这就构成了光缆。光缆具有实用条件下的抗拉、抗冲击、抗弯、抗扭曲等力学性能,能够保证光纤原有的传输特性,并且使光纤在各种环境条件下可靠工作。

2.4.1　光缆的结构

光缆结构设计要点主要是根据传输系统的容量、使用环境、敷设方式、制造工艺等,通过合理选用各种材料来完成光纤抵抗外界机械作业、温度变化和水作用等。一般而言,光缆和电缆一样,由缆芯、加强件、填充物和护层等共同构成。

(1)缆芯。为进一步提高光纤的强度,一般将带有涂覆层的单根或多根光纤合在一起再套上一层塑料管,通常称为套塑,套塑后光纤称为光纤芯线。将套塑后并满足机械强度要求的单根或多根光纤芯线,与不同形式的加强件和填充物组合在一起称为缆芯。

(2)加强件。加强件用于提高光缆施工的抗拉能力。光缆中的加强件一般采用镀锌钢丝、多股钢绳、带有紧套聚乙烯垫层的镀锌钢丝、芳纶丝和增强塑料等。加强件在光缆中的位置有中心式、分布式和铠装式3种。位于光缆中心的,称为中心加强;处于缆芯外面并绕包一层塑料以保证与光纤的接触表面光滑的,称为分布式加强;位于缆芯绕包一周的,称为铠装式加强。

(3)填充物。在光缆缆芯的空隙中注满填充物(如石油膏),其作用是保护光纤免受潮气和减少光缆的相互摩擦。用于填充的复合物应在60℃下不从光缆中流出,在光缆允许的低温下不使光缆弯曲特性恶化。

(4)护层。护层用于保护缆芯,使缆芯有效抵御一切外来的机械、物理、化学的作用,

并能适应各种敷设方式和应用环境,保证光缆有足够的使用寿命。光缆护层分为外护层和护套。外护层从结构上看是一层由塑料或金属构成的外壳,位于光缆的最外面,故称为外护层,起加强光缆保护的作用。护套用来防止金属加强件与缆芯直接接触而造成损伤。

2.4.2　光缆的分类

光缆的分类方法很多,表 2-1 从不同角度对光缆类型进行划分。本节重点从缆芯结构分类角度进行介绍。

表 2-1　光缆分类表

划分角度	光缆类型
按光纤套塑方法	紧套光缆、松套光缆
按缆芯结构	层绞式光缆、中心管式光缆、骨架式光缆、带状式光缆
按光纤芯数	单芯、双芯、四芯、六芯、八芯、十二芯、二十四芯、四十八芯、九十六芯光缆
按加强件配置方法	中心加强构件光缆、分散加强构件光缆、护层加强构件光缆
按线路敷设方式	架空光缆、管道光缆、直埋光缆、隧道光缆和水底光缆
按使用环境与场合	室外光缆、室内光缆、特种光缆

按缆芯结构,光缆可分为层绞式光缆、中心管式光缆、骨架式光缆、带状光缆等类型,其截面图如图 2-11 所示。

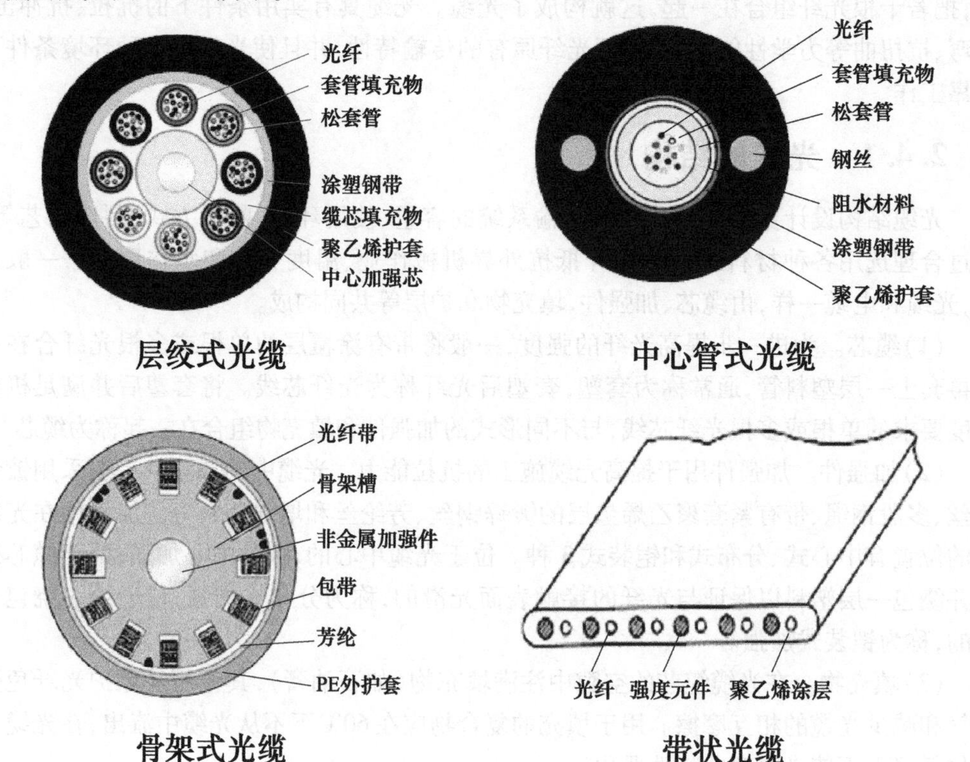

图 2-11　不同光缆的缆芯结构示意图

1. 层绞式光缆

层绞式光缆的缆芯由多根二次被覆光纤松套管绕中心金属加强件绞合而成，其特点是可容纳较多数量的光纤，机械和环境性能好，适用于直埋、管道、架空等多种敷设方式。

2. 中心管式光缆

中心管式光缆的光纤位于光缆的中心，加强芯配置在套管周围或直接在外护套内，其开剥较层绞式光缆难度稍大。其特点是外径小、施工方便，光缆余长控制稳定，强度高、耐侧压，环境性能优良，适用于直埋、管道、架空等多种敷设方式。

3. 骨架式光缆

骨架式光缆是将光纤放入加强芯周围的螺旋形骨架凹槽内而构成。其特点是对光纤保护性能良好，侧压强度高，但骨架式光缆制造设备复杂，工艺环节多。

4. 带状光缆

带状光缆是指将带状光纤单元放置在中心束管中或放置于骨架式光缆的骨架凹槽内。其特点是结构紧凑，光纤芯密度大，接续效率高，适用于大量光纤接续安装的场合。

本章小结

光纤是光纤通信系统的传输信道，由纤芯、包层和涂覆层构成，纤芯的材料一般是石英玻璃或塑料。按照不同的划分方法，光纤可被分成多种类型。光在光纤中的传输机理可以使用波动理论和几何光学理论来解释。光纤的特性较多，有传输特性（包括损耗特性、色散特性等）、光学特性（包括折射率分布、截止波长等）、机械特性（包括抗拉强度、断裂分析等）、温度特性、几何特性（包括芯径、外径、偏心度等）。研究光纤的特性有助于理解光纤通信的原理及正确使用光纤光缆，重点需要掌握传输特性。光纤必须成缆才能真正在工程中使用，光缆的一般结构包括缆芯、加强件、填充物和护套等。

思考与练习

1. 描述光纤及光缆的一般结构。
2. 什么是吸收损耗、散射损耗和弯曲损耗？
3. 什么是模式色散、材料色散和波导色散？
4. 什么是数值孔径，有什么物理意义？
5. 光纤的色散和损耗特性对光纤传输有何影响？
6. 试述阶跃型光纤和渐变型光纤的区别。
7. 试用射线理论解释光纤的导光原理。
8. 光纤的 3 个低损耗工作窗口是什么？
9. 长度为 1m，直径为 2.5cm 的光纤预制棒，将其拉制成包层直径为 125μm 的光纤，长度可达多少千米？
10. 某阶跃折射率光纤的纤芯折射率 $n_1 = 1.50$，相对折射率差 $\Delta = 1\%$，试求：

（1）光纤的包层折射率 n_2；

（2）该光纤数值孔径 NA。

第3章 光纤通信系统

学习目标

- 理解光源发光机理，掌握光源的应用。
- 理解光检测器作用、分类、性能和原理。
- 掌握光发射机和光接收机的作用、组成和技术指标。
- 了解光放大器 EDFA 的基本原理、组成、作用与分类。
- 掌握光放大器基本性能参数。

一个简单的光纤通信系统是由光发送机、光纤/光缆、光接收机组成。如果传输距离过远，往往要增加光放大部件来延长传输距离。本章将详细介绍光纤通信系统中的核心部件。

3.1 光源和光检测器

光通信器件是光纤通信系统中的核心部件，它们的性能直接影响通信系统的质量。在光纤通信系统中使用的光器件主要有光源和光检测器等。光源的作用是将电信号转变为光信号，即实现电-光的转换，以便在光纤中传输。目前，光纤通信系统中常用的光源主要有半导体激光器（LD）、半导体发光二极管（LED）等。光检测器的作用是将接收的光信号转变为电信号，即实现光－电的转换。光纤通信系统中最常用的光检测器有半导体光电二极管（PIN）、雪崩光电二极管（APD）。

3.1.1 光源

在光纤通信系统中用光波作为载波，通过光纤这种传输介质，完成通信全过程。然而，目前各种终端设备多为电子设备，这就要在输入端先将电信号变成光信号，也就是用电信号调制光源。

目前，光纤通信系统中常用的光源主要有半导体激光器（LD）、半导体发光二极管（LED）。半导体激光器体积小、价格低、调制方便，只要简单地改变通过器件的电流，就能将光进行高速的调制，因而已发展成为光通信系统中最重要的器件。

1. 发光机理

所有物质（气体、固体、液体）的原子，都是由电子和原子核构成的。电子以原子核为中心，按不同的电子层排列在原子核周围旋转。物质的性质由电子的数量及其在电子层上排布方式决定。围绕原子核旋转的电子，其能量状态和地面上的位能类似，对于距离原子核远的轨道上的电子来说，比近的轨道上的电子具有更大的能量，如图 3－1 所示。

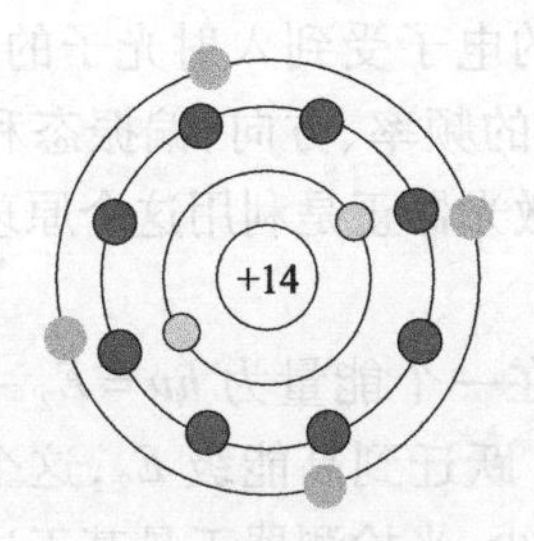

图3－1　硅原子中电子运动轨道简图

一般来说，处于高能态（导带）的电子是不稳定的，它们会向低能态（价带）跃迁，而将能量以光子的形式释放出来，发射光子的能量 $h\nu$ 等于导带和价带的能量差，即

$$h\nu = E_2 - E_1 = E_g \tag{3-1}$$

式中：h 为普朗克常数；E_g 为禁带能量。

爱因斯坦指出，光与物质的粒子体系的相互作用主要是受到外来光的照射，当光子的能量 $h\nu$ 等于或大于禁带能量时，光子将被吸收而使电子跃迁至高能态。这个过程即为光吸收。跃迁到高能态（导带）的电子，如果在外加电场作用下，会形成电流，即产生光生电流。

1）自发辐射

处于激发态的粒子是不稳定的，在没有外界刺激的条件下，也会自发地从高能级 E_2 跃迁到低能级 E_1，同时发射出一个能量为 $h\nu = E_2 - E_1$ 的光子，这个过程称为自发辐射。自发辐射如图3－2所示。

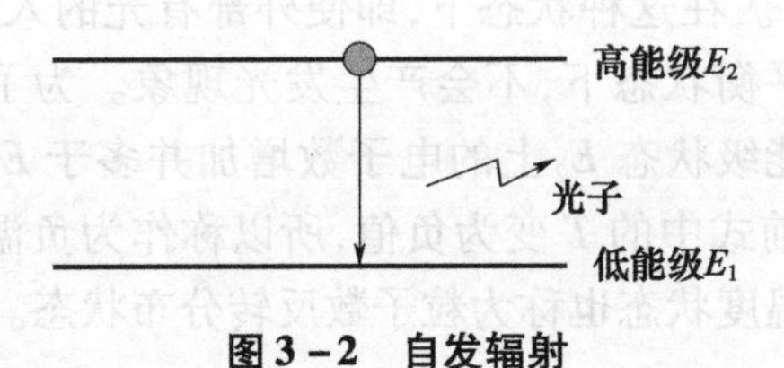

图3－2　自发辐射

在自发辐射中，产生的光子具有随机的方向，相位和偏振态彼此无关，出射光为非相干光。半导体发光二极管就是利用这种自发辐射效应而发光。

2）受激辐射

处于高能级 E_2 上的粒子，在一个能量为 $h\nu = E_2 - E_1$ 的外来光子刺激下，粒子吸收外来光子的能量，从高能级 E_2 跃迁到低能级 E_1，同时辐射出一个能量为 $h\nu = E_2 - E_1$ 的光子，这个过程是在外界条件刺激下产生的，因而称为受激辐射。受激辐射产生的光子与入射光子叠加，使光得到放大，因而受激辐射是产生激光的最重要的过程，如图3－3所示。

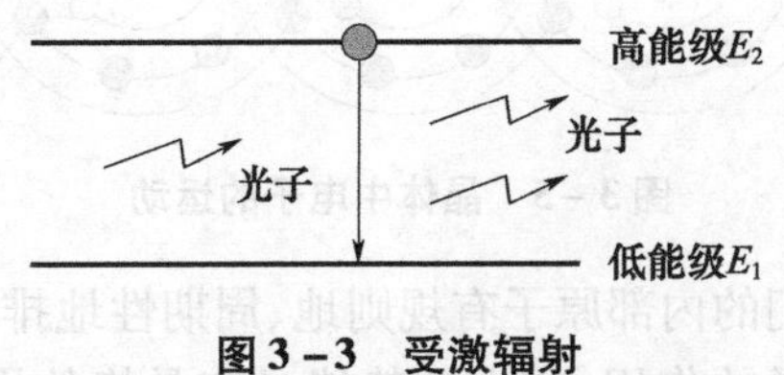

图3－3　受激辐射

在受激辐射中，处于高能态的电子受到入射光子的激发跃迁到低能态而发射光子，发射的光子与入射光子具有相同的频率、方向、偏振态和相位，因此出射光为相干光，从而使入射光得到了放大，半导体激光器正是利用这个原理制成的。

3）受激吸收

处于低能级 E_1 上的粒子，在一个能量为 $h\nu = E_2 - E_1$ 的外来光子作用下，粒子吸收外来光子的能量，从低能级 E_1 跃迁到高能级 E_2，这个过程称为受激吸收，如图 3－4 所示。受激吸收将使外界光能减少，光检测器正是基于这种光生电流效应而工作的。

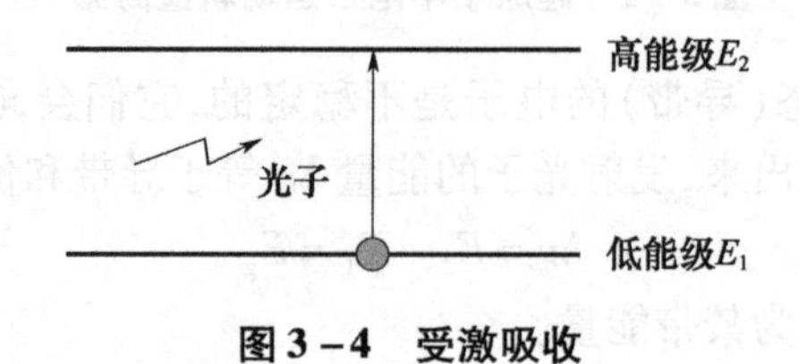

图 3－4　受激吸收

光辐射是指处于高能级上的电子向低能级跃迁时，将两能级的能量差以光的形式释放出来的现象。当物质中的原子处在正常温度时的热平衡状态下，位于高能级 E_2 的电子数 N_2 和位于低能级 E_1 的电子数 N_1 有下列关系：

$$\frac{N_2}{N_1} = \exp\left(-\frac{E_2 - E_1}{KT}\right) \tag{3-2}$$

式中：K 为玻耳兹曼常数；T 为热力学温度。

根据式(3－2)，在正常的状态下，$N_1 > N_2$，即低能级上的电子数多，此时的状态为热平衡状态（正常分布状态）。在这种状态下，即便外部有光的入射，但吸收的光要比受激辐射的光多，就是说在热平衡状态下，不会产生发光现象。为了能使原子发光就必须从外部给原子以能量，使高能级状态 E_2上的电子数增加并多于 E_1能级上的电子数。对于 $N_1 < N_2$的状态，相当于将前式中的 T 变为负值，所以称作为负温度状态。这是发光器件所能发光的首要条件，负温度状态也称为粒子数反转分布状态。

2. 半导体的能带

在单个原子中，电子是在原子内部的量子态运动的。当大量原子结合成晶体后，邻近原子中的电子态将发生不同程度的交叠，原子间的影响将表现出来。原来围绕一个原子运动的电子，现在可能转移到邻近原子的同一轨道上去，晶体中的电子不再属于个别原子所有，它们一方面围绕每个原子运动，同时又要在原子之间做共有化运动，如图 3－5 所示。

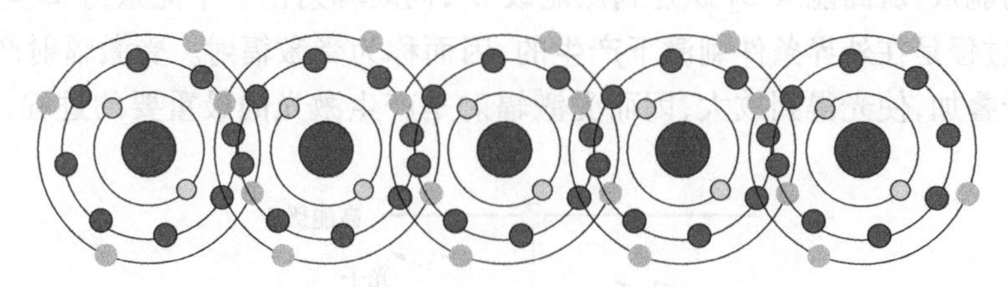

图 3－5　晶体中电子的运动

晶体的主要特征是它们的内部原子有规则地、周期性地排列着。做共有化运动电子受到周期性地排列着的原子的作用，它们的势能具有晶格的周期性。因此，晶体的能谱在原子能级的基础上按共有化运动的不同而分裂成若干组。每组中能级彼此靠得很近，组成有一定宽度的带，称为能带，如图3-6所示。内层电子态之间的交叠小，原子间的影响弱，分成的能带比较窄；外层电子态之间的交叠大，原子间的影响强，分成的能带比较宽。

锗、硅和砷化镓(GaAs)等一些重要的半导体材料，都是典型的共价晶体。在共价晶体中，每个原子最外层的电子和邻近原子形成共价键，整个晶体就是通过这些共价键把原子联系起来。在半导体物理中，通常把这种形成共价键的价电子所占据的能带称为价带，而把价带上面邻近空带(自由电子占据的能带)称为导带。导带和价带之间，被宽度为E_g的禁带所分开，如图3-7所示，原子的电离以及电子与空穴的复合发光等过程主要发生在导带和价带之间。

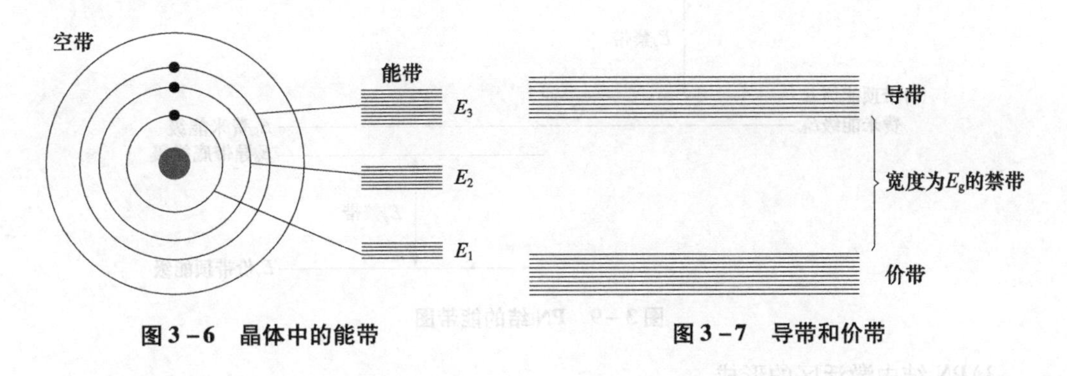

图3-6　晶体中的能带　　图3-7　导带和价带

3. PN结

1)P型半导体和N型半导体的能带

主要由空穴导电的半导体称为P型半导体，当重掺杂时，费米能级E_f会进入价带，称为简并型P型半导体；主要由电子导电的半导体称为N型半导体，当重掺杂时，费米能级E_f会进入导带，称为简并型N型半导体，如图3-8所示。

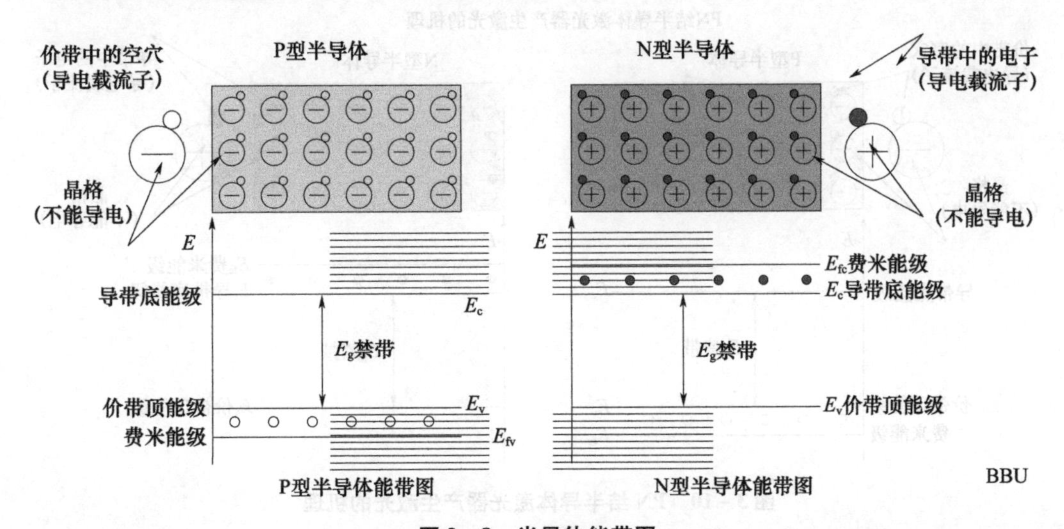

图3-8　半导体能带图

2)PN结的能带图

P型半导体和N型半导体结合时形成结，由于载流子向对方互相扩散，使N区的费米能级降低，P 区的费米能级升高，达到热平衡时，形成了统一的费米能级 E_{fv}。由于内建电场的作用，阻止了载流子的进一步扩散，因此在热平衡状态下，高能级上电子数少，低能级上电子数多，未能形成粒子数反转分布，如图 3－9 所示。

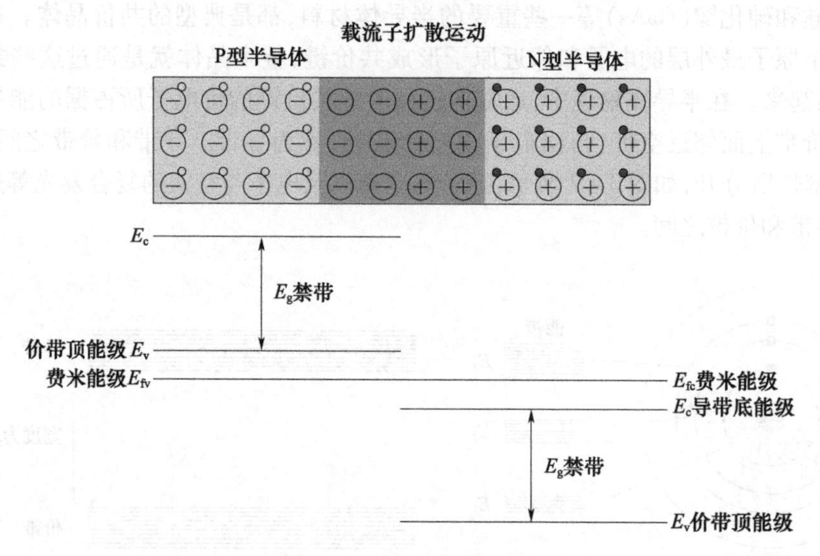

图 3－9 PN 结的能带图

3）PN 结中激活区的形成

当 PN 结加上正向偏压时，外加电压的电场方向正好和内建场的方向相反，因而削弱了内建电场，破坏了热平衡时统一的费米能级，在 P 区和 N 区各自形成了准费米能级。这时，导带上费米能级以下充满了电子，价带上费米能级以上没有电子，因此形成了粒子数反转分布，成为激活区，也称为半导体激光器的作用区或有源区，如图 3－10 所示。

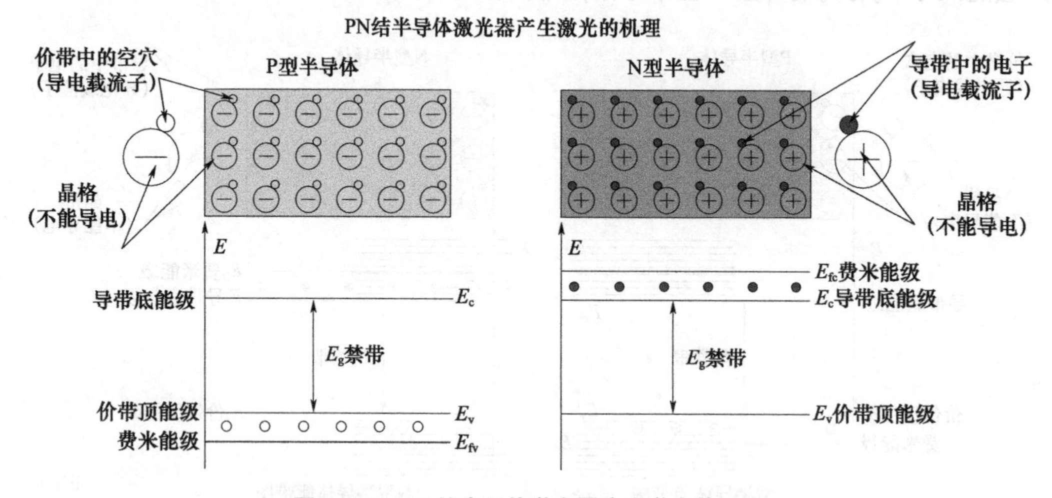

图 3－10 PN 结半导体激光器产生激光的机理

4）PN 结半导体激光器发光机理

外加正向偏压将 N 区的电子、P 区的空穴注入到 PN 结，实现了粒子数反转分布，即为激活区。在激活区，电子空穴对复合发射出光。初始的光来源于导带和价带的自发辐射,方向杂乱无章,其中偏离轴向的光子很快逸出腔外,沿轴向运动的光子就成为受激辐射的外界因素,产生受激辐射而发射全同光子。这些光子通过反射镜往返反射不断地通过激活物质,使受激辐射过程如雪崩般地加剧,从而使光得到放大,在反射系数小于1的反射镜中输出,这就是经受激辐射放大的光。

3.1.2 发光二极管(LED)

发光二极管利用正向偏压,使PN结激活区中的载流子因复合发出自发辐射的光,因此LED的出射光是一种非相干光,其谱线较宽(30~60mm),辐射角也较大。在低速率的数字通信和较窄带宽的模拟通信系统中,LED是可以选用的最佳光源,与半导体激光器相比,LED的驱动电路较为简单,并且产量高、成本低。

LED的输出光功率 P 与注入电流 I 的关系,即 P-I 特性,如图3-11所示。LED是非阈值器件,发光功率随工作电流增大,并在大电流时逐渐饱和。LED的工作电流通常为50~100mA,这时偏置电压为1.2~1.8V,输出功率约几毫瓦。

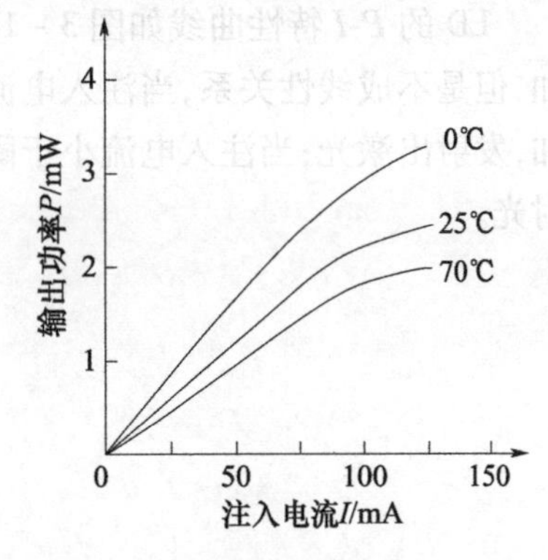

图3-11 典型LED的 *P-I* 特性图

工作温度升高时,同样工作电流下LED的输出功率要下降。相对而言,温度对LED的性能影响要比LD小。

3.1.3 半导体激光器(LD)

半导体激光器是利用在有源区中受激而发射光的光器件。只有在工作电流超过阈值电流的情况下,才会输出激光(相干光),因而是有阈值的器件。

1. LD的结构及工作原理

LD的结构如图3-12所示。半导体激光器的结构与半导体发光二极管的结构类似,通常也是由P层、N层和形成双异质结构的有源层构成。和LED所不同的是,在有源层的结构中还具有使光发生振荡的谐振腔。

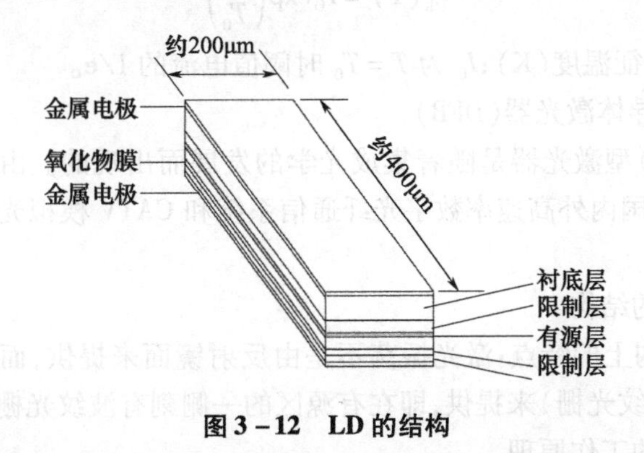

图3-12 LD的结构

半导体激光器发光利用的是受激辐射原理。处于粒子数反转分布状态的电子,在受到外来入射光激励时,同步发射光子。此时受激辐射的光子和入射光子,不仅波长相同而且相位、方向也相同。这样,由弱的入射光激励而得到了强的出射光,起到了光放大作用。但是仅仅有放大功能还不能形成振荡,必须要有正反馈才行。为了实现光的放大反馈,需要采用光学谐振腔。最基本的光学谐振腔是由两块互相平行的反射镜构成,称为法布里-珀罗谐振腔。半导体激光器就是在垂直于 PN 结的两个端面,按晶体的天然解理面切开而形成的反射镜面。光在谐振腔中的两个反射镜面之间往复反射。其中一个是全反射镜面,另一个是部分反射镜面,这样谐振腔内的光能由部分反射镜面透射出来,形成输出激光。激光器模型如图 3-13 所示。

2. 半导体激光器(LD)的 *P-I* 特性

LD 的 *P-I* 特性曲线如图 3-14 所示。随着激光器注入电流的增加,其输出光功率增加,但是不成线性关系,当注入电流大于阈值电流 I_{th}后,输出光功率随注入电流增加而增加,发射出激光;当注入电流小于阈值电流,LD 发出的是光谱很宽、相干性很差的自发辐射光。

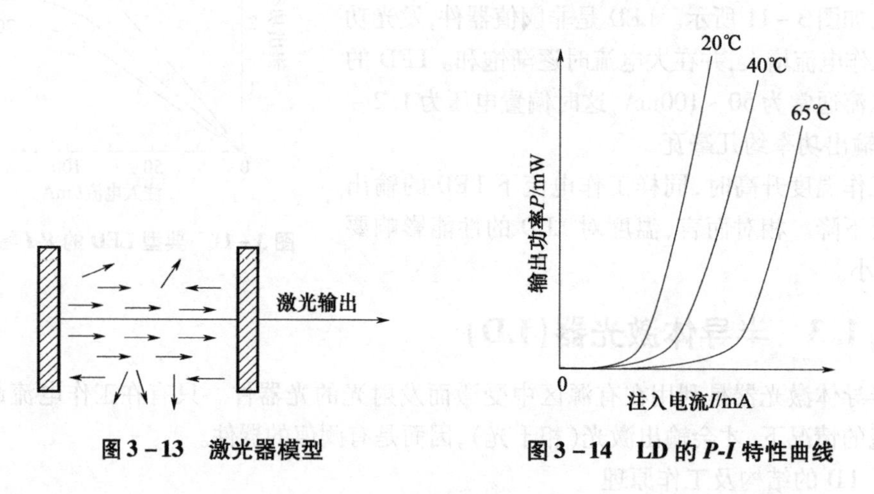

图 3-13 激光器模型　　图 3-14 LD 的 *P-I* 特性曲线

P-I 的特性随器件的工作温度变化而变化,当温度升高时,激光器的特性发生劣化,阈值电流也会升高,阈值电流与温度的关系可表示为

$$I_{th}(T) = I_0 \exp\left(\frac{T}{T_0}\right) \tag{3-3}$$

式中:T_0 为器件的特征温度(K);I_0 为 $T = T_0$ 时阈值电流的 1/e。

3. 分布反馈半导体激光器(DFB)

分布反馈(DFB)型激光器是随着集成光学的发展而出现的。由于其动态单模特性和良好的线性,已在国内外高速率数字光纤通信系统和 CATV 模拟光纤传输系统中得到广泛的应用。

1)DFB 激光器的结构

DFB 激光器结构上的特点:激光振荡不是由反射镜面来提供,而是由折射率周期性变化的波纹结构(波纹光栅)来提供,即在有源区的一侧刻有波纹光栅,如图 3-15 所示。

2)DFB 激光器的工作原理

DFB 激光器的基本工作原理,可以用布拉格(Bragg)反射来说明。波纹光栅是由于材料折射率的周期性变化而形成的,它为受激辐射产生的光子提供周期性的反射点,在一定的条件下,所有的反射光同相叠加,产生激光振荡,使激光器具有极强的波长选择性,实现了发光波长的单纵模工作。

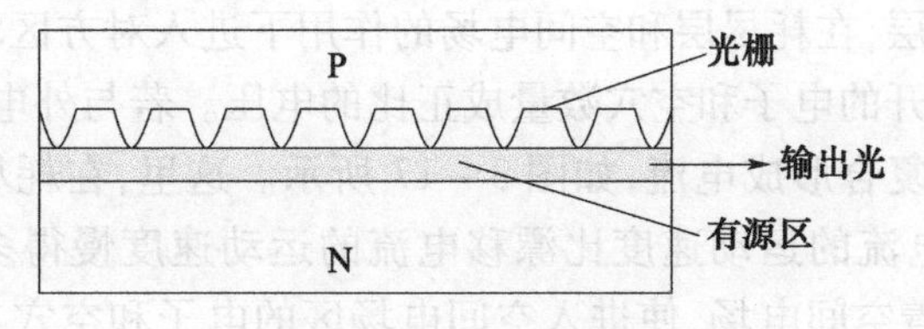

图3-15　激光器结构

3)DFB 激光器的优点

当光栅的周期长度为 L 时,只有满足布拉格反射条件才能产生激光振荡,因而使激光器得到单频输出。由于分布反馈激光器是由光栅来选择单纵模,因而在高速调制下仍维持单纵模输出。DFB 激光器的谱线窄,其线宽大约为普通型激光器线宽的1/10左右,从而使色散的影响大为降低,可以实现速率为吉比特每秒级的超高速传输。

3.1.4　光检测器

光检测器的作用是通过光电效应,将接收的光信号转换为电信号。目前的光接收机绝大多数都是用光电二极管直接进行光电转换,其性能的好坏直接影响接收机的性能指标。光电二极管的种类很多,在光纤通信系统中,主要采用半导体 PIN 光电二极管和雪崩光电二极管(APD)。

1. PIN 光电二极管

光电二极管是一种在P型半导体和N型半导体之间设置了一层本征半导体I层的器件。由于在耗尽层内所形成的漂移电流,在空间电场的作用下具有较高的响应速度,相反在耗尽层以外所形成的扩散电流,响应速度很低。因此,耗尽层的范围越宽,对提高响应速度就越有利。耗尽层的宽度与P型和N型半导体中的掺杂浓度有关,在相同的负偏压下,掺杂浓度越低,耗尽层就越宽。为此,在P型和N型半导体之间,插入I(本征)型半导体达到了展宽耗尽层宽度的目的,形成了PIN结构的光电二极管,如图3-16所示。

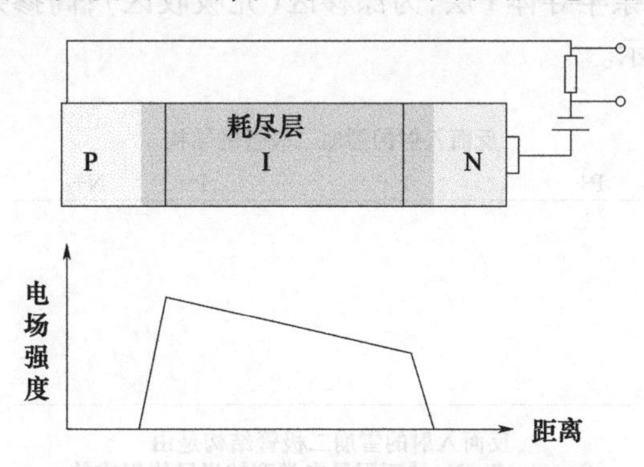

图3-16　PIN 光电二极管结构及场强分布

当光从P区一侧入射,光能量在被吸收的同时仍继续向N区一侧延伸,在经过耗尽层时,由于吸收光子能量,电子从价带被激励到导带而产生电子空穴对(光生载流子),并且在耗尽层空间电场作用下,分别向N型区和P型区相互逆方向做漂移运动,并形成电流。然而,在耗尽层以外的区域因为没有电场作用,所以由光电效应产生的电子空穴对,在扩散运动中相遇发生复合,从而消失。不过在扩散运动过程中,也有些扩散距离长的电子空穴将进入耗尽层,在耗尽层和空间电场的作用下进入对方区域。于是在P区和N区两端产生与被分隔开的电子和空穴数量成正比的电压。若与外电路连通,这些电子就可经外部电路与空穴复合形成电流,如图3－17所示。这里,在耗尽层之外形成的电流称为扩散电流,扩散电流的运动速度比漂移电流的运动速度慢得多,使频率特征变坏。由于在PN结处存在着空间电场,使进入空间电场区的电子和空穴二者逆方向移动。如从外部对PN结施加反向偏压,即P侧加(－),N侧加(＋)以后,结处的空间电场(耗尽层内的自建电场)被加强,从而加快了载流子的漂移速度。

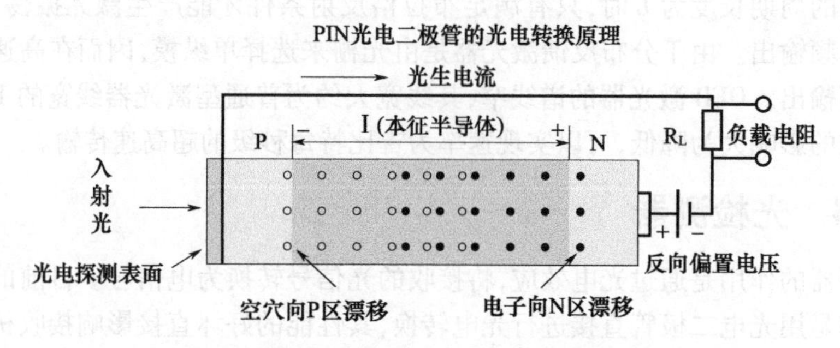

图3－17 PIN光电二极管光电转换原理

2. 雪崩光电二极管

1)雪崩光电二极管(APD)的结构

雪崩光电二极管(APD)的结构与PIN型光电二极管的不同在于增加了一个附加层,以实现碰撞电离产生二次电子-空穴对,在反向时夹在I层和N层间的P层中存在高电场,该层称为倍增区或增益区(雪崩区),耗尽层仍为I层,起产生一次电子-空穴对的作用。

2)雪崩光电二极管(APD)的工作原理

雪崩光电二极管有4层结构:高掺杂的N＋型半导体,为接触层;P型半导体,为倍增层(或称雪崩区);轻掺杂半导体I层,为漂移区(光吸收区);高掺杂的P＋型半导体,为接触层,如图3－18所示。

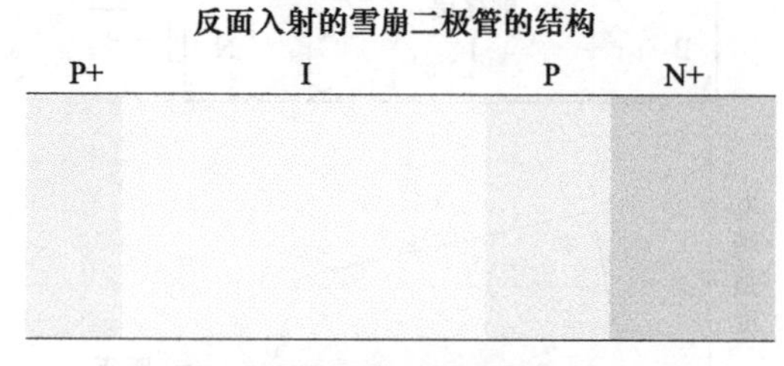

图3－18 SAM-APD管的结构

当外加的反向偏压(约100～150V)比PIN情况下高得多时,这个电压几乎都加到PN结上。特别是在高阻的PN结附近,电场强度可高达105V/m,已经高出碰撞电离的电场。APD 管在外加的反向偏压(约 50 ~150V)下的场分布如图 3 -19 所示。

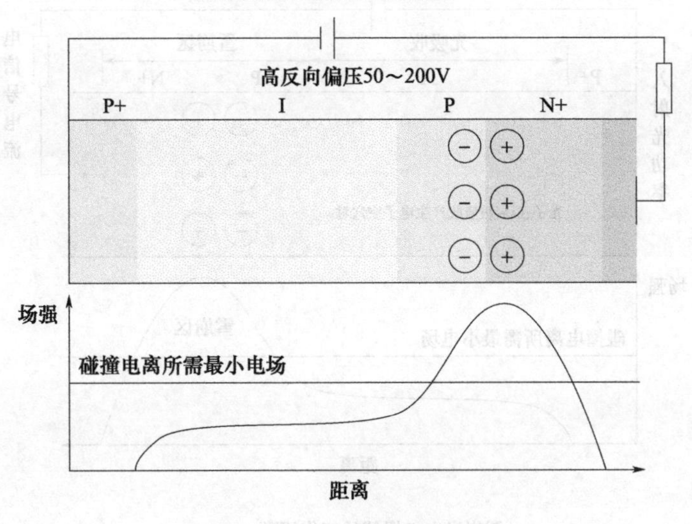

图 3 -19 APD 管的场分布

此时若光从 P + 区照射,则和 PIN 一样,大部分光子将在较厚的 I 层被吸收,因而产生电子空穴对,如图 3 -20 所示。

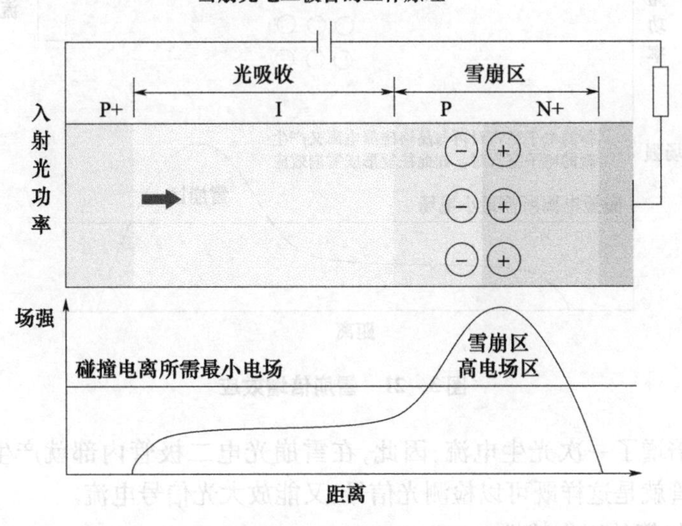

图 3 -20 光子在 I 层被吸收产生电子空穴对

入射光功率产生的电子空穴对经过高场区时不断被加速而获得很高的能量,这些高能量的电子或空穴在运动过程中与价带中的束缚电子碰撞,使晶格中的原子电离,产生新的电子空穴对。新的电子空穴对受到同样加速运动,又与原子碰撞电离,产生电子空穴对,称为二次电子空穴对。如此重复,使强电场区域中的电子和空穴成倍的增加,载流子和反向光生电流迅速增大,产生雪崩现象,这个物理过程称为雪崩倍增效应,如图 3 -21 所示。

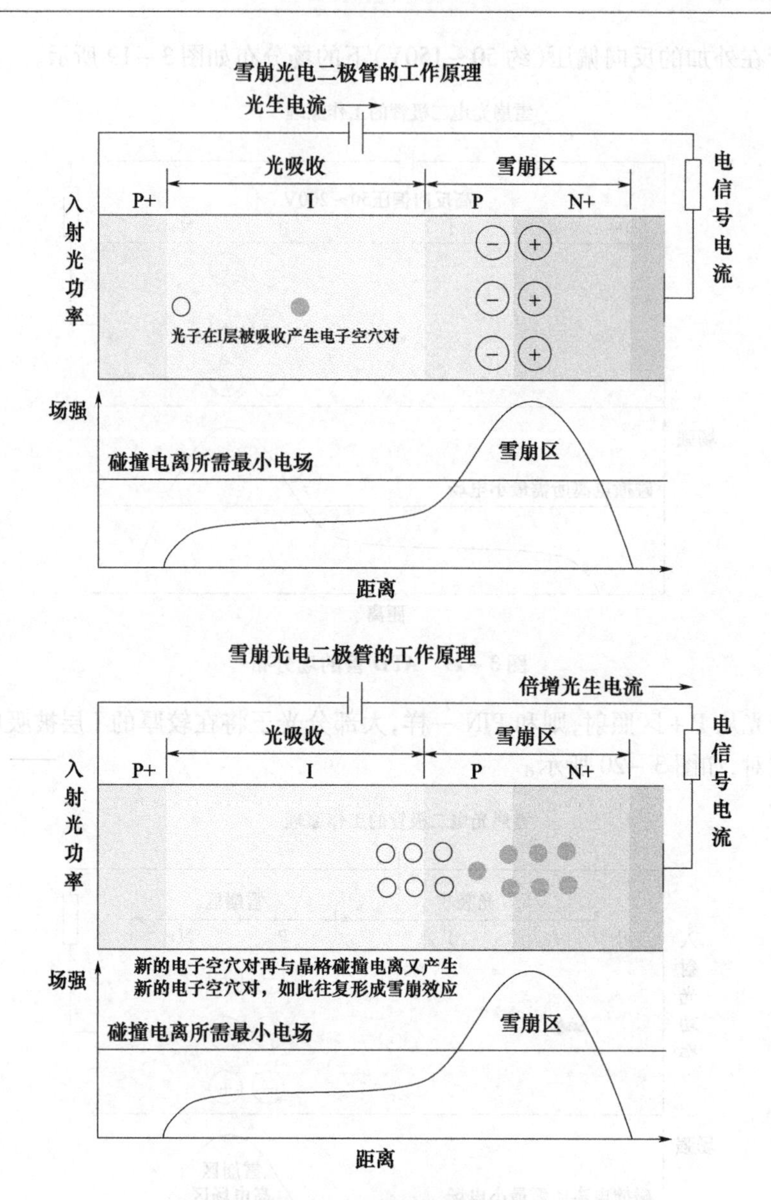

图 3－21 雪崩倍增效应

雪崩过程倍增了一次光生电流，因此，在雪崩光电二极管内部就产生了放大作用。雪崩光电二极管就是这样既可以检测光信号，又能放大光信号电流。

3. 光电二极管的工作特性

光电二极管的主要特性参数包括响应度、量子效率、响应带宽、APD 的倍增系数及噪声等。这里仅讨论响应度和量子效率。

（1）响应度。响应度表征了光电二极管的能量转换效率，其定义为

$$R = I_P / P_{in} \quad (A/W) \tag{3-4}$$

式中：P_{in}为入射到光电二极管上的光功率；I_P为光电二极管在该入射光功率下产生的光电流。

(2)量子效率。光电二极管的量子效率 N 的定义为

$$N=\frac{\text{电子产生效率}}{\text{光子注入速率}}=\frac{I_P/e_0}{P_{in}/h\nu} \tag{3-5}$$

式中:e_0 为电子电荷;h 为普朗克常数。

由式(3-4)和式(3-5),得

$$R=\frac{I_P}{P_{in}}=\frac{ne_0}{h\nu}\approx\frac{n\lambda}{1.24} \tag{3-6}$$

式中:λ 为波长(μm)。

可见,响应度 λ 随波长增加而增大。举个例子,如果 $\lambda=0.85\mu m$,$\eta=0.8$,$R=0.55A/W$,表明 1mW 的功率入射到该光电二极管上,可以产生 0.55mA 的光电流。

3.2 光发射机与光接收机

光发射机是实现电/光转换的光端机,由光源、驱动器和调制器组成,其功能是将来自于电端机的电信号对光源发出的光波进行调制,成为已调光波,然后再将已调的光信号耦合到光纤或光缆去传输。光接收机是实现光/电转换的光端机,它由光检测器和光放大器组成,其功能是将光纤或光缆传输来的光信号,经光检测器转变为电信号,然后再将这微弱的电信号经放大电路放大到足够的电平,送到接收端的电端机去。

3.2.1 光发射机

光纤通信系统传输的是光信号,作为光纤通信系统的光源,便成为重要的器件之一。它的作用是产生作为光载波的光信号,作为信号传输的载体携带信号在光纤传输线中传送。由于光纤通信系统的传输媒介是光纤,因此作为光源的发光器件,应满足以下要求:①体积小,与光纤之间有较高的耦合效率;②发射的光波波长应位于光纤的 3 个低损耗窗口,即 0.85μm、1.31μm 和 1.55μm 波段;③可以进行光强度调制;④可靠性高,要求它工作寿命长、工作稳定性好,具有较高的功率稳定性、波长稳定性和光谱稳定性;⑤发射的光功率足够高,以便可以传输较远的距离;⑥温度稳定性好,即温度变化时,输出光功率以及波长变化应在允许的范围内。

能够满足以上要求的光源一般为半导体二极管。目前,全光纤激光器作为一种新型的激光器也有望在光纤通信系统中发挥其作用。最常用的半导体发光器件是发光二极管(LED)和激光二极管(LD)。前者可用于短距离、低容量的系统或模拟系统,其成本低、可靠性高;后者适用于长距离、高速率的系统。在选用时应根据需要综合考虑决定,它们都有自己的优缺点和特性,下面就两者的性能作系统的比较,如表 3-1 所列。

表 3-1　激光二极管和发光二极管的特点对比

序号	激光二极管	发光二极管
1	输出光功率较大,几毫瓦~几十毫瓦	输出光功率较小,一般仅 1~2mW
2	带宽大,调制速率高,几百兆赫~几十吉赫	带宽小,调制速率低,几十兆赫~200MHz
3	光束方向性强,发散度小	方向性差,发散度大

续表

序号	激光二极管	发光二极管
4	与光纤的耦合效率高,可高达80%以上	与光纤的耦合效率低,仅百分之几
5	光谱较窄	光谱较宽
6	制造工艺难度大,成本高	制造工艺难度小,成本低
7	在要求光功率较稳定时,需要 APC 和 ATC	可在较宽的温度范围内正常工作
8	输出特性曲线的线性度较好	在大电流下易饱和
9	有模式噪声	无模式噪声
10	可靠性一般	可靠性较好
11	工作寿命短	工作寿命长

根据 LED 和 LD 的性能,在选择光源时应做到技术上合理、经济上合理以及便于应用。在光纤通信系统中,由于信息由 LED 和 LD 发出的光波携带,因此光发射机主要由调制电路和控制电路组成,如图 3-22 所示。在数字通信中,输入电路将输入的 PCM 脉冲信号变换成 NRZ/RZ 码后,通过驱动电路调制光源(直接调制),或送到光调制器调制光源输出的连续光波(外调制)。对直接调制,驱动电路需给光源加一直流偏置;而外调制方式中光源的驱动为恒定电流,以保证光源输出连续光波。自动偏置和自动温度控制电路用于稳定输出的平均光功率和工作温度,此外,光发射机中还有报警电路。

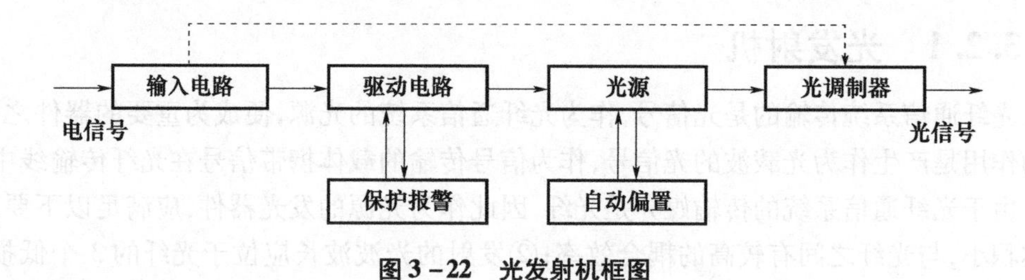

图 3-22　光发射机框图

3.2.2　光波的调制

在光纤通信系统中,把随信息变化的电信号加到光载波上,使光载波按信息的变化而变化,这就是光波的调制。从本质上讲,光载波调制和无线电波载波调制一样,可以携带信号的振幅、强度、频率、相位和偏振等参数。光载波调制有调幅、调强、调频、调相、调偏等多种调制方式,但为了便于解调,在光频段多采用光的强度调制方式。

从调制方式与光源的关系上来分,强度调制的方法有两种,即直接调制和外调制。直接调制是用电信号直接调制光源器件的偏置电流,使光源发出的光功率随信号而变化;外调制一般是基于电光、磁光、声光效应,让光源输出的连续光载波通过光调制器,光信号通过调制器实现对光载波的调制。光源直接调制的优点是简单、经济、容易实现,但调制速率受载流子寿命及高速率下的性能退化的限制。外调制方式需要调制器,结构复杂,但可获得优良的调制性能,特别适合高速率光通信系统。从调制信号的形式来分,光调制又分为模拟调制和数字调制。模拟调制又可分为两类:一类是利用模拟基带信号直接对光源进行调制;另一类采用连续或脉冲的射频波作副载波,模拟基带信号先对它进行调制,再用该已调制的副载波去调制光载波。由于模拟调制的调制速率较低,均使用直接调制方式。数字调制主要指 PCM 脉码调制,即先将连续的模拟信号进行抽样、量化、编码,转化成一组二进制脉冲代码,对光信号进行通断调制。数字调制也可使用直接调制和外调制。

1. LED 的直接调制原理

在小型模拟或低速、短距离数字光纤通信系统中,可以采用 LED 作为系统光源。但不论那种通信系统,用 LED 作光源时,均采用直接强度调制方式,即通过改变 LED 的注入电流调制输出光功率。

图 3 – 23 所示为对 LED 进行模拟调制的原理图。连续的模拟信号电流叠加在直流偏置电流 I_B 上,适当选择直流偏置的大小,使静态工作点位于发光管特性曲线线性段的中点,可以减小光信号的非线性失真,调制线性的好坏取决于调制深度。

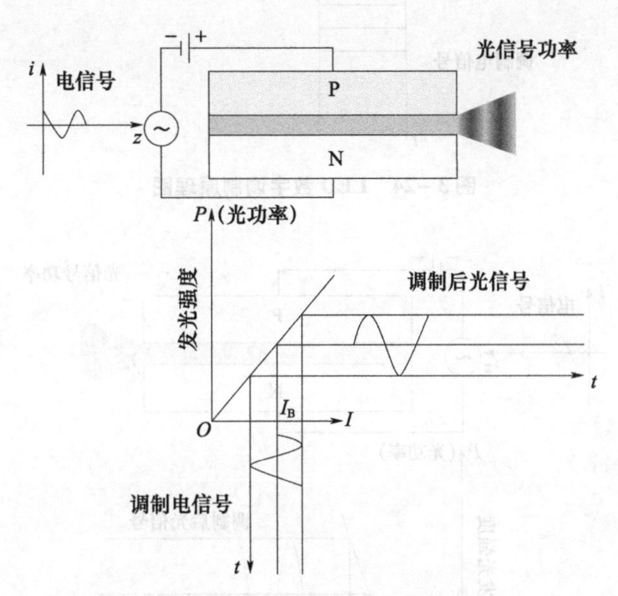

图 3 – 23 LED 模拟调制原理图

LED 的数字调制原理图如图 3 – 24 所示。在 LED 的数字调制中,在直流偏置电流上叠加调制电信号,则调制电信号为单向二进制数字信号,用单向二进制数字信号的“有”“无”控制发光管发光与否,完成数字调制。

2. LD 的调制原理

由于 LD 通常用于高速系统,且是阈值器件,它的温度稳定性较差,与 LED 相比,其调制问题要复杂得多,驱动条件的选择、调制电路的形式和工艺,都对调制性能至关重要。

1)LD 的直接调制原理

图 3 – 25 所示为对 LD 进行模拟调制的原理图,图 3 – 26 所示为对 LD 进行数字调制的原理图。

2)偏置电流和调制电流的选择

采用直接调制方式时,偏置电流的选择直接影响激光器的高速调制性质。选择直流预偏置电流应考虑以下几个方面:

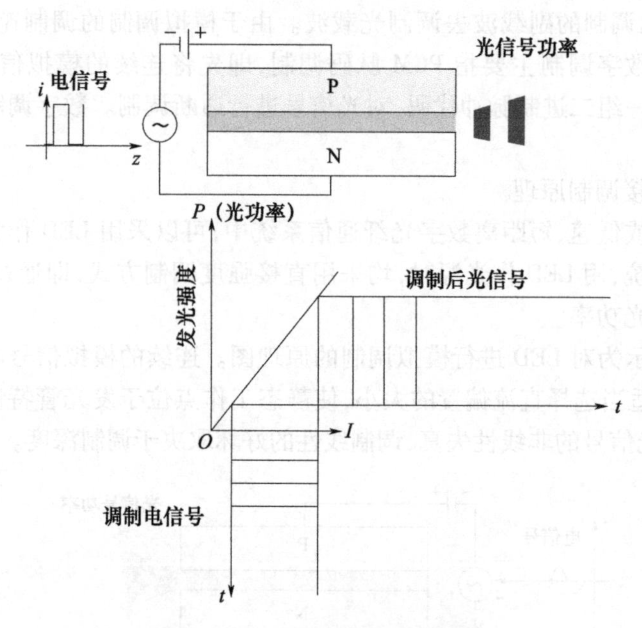

图 3－24　LED 数字调制原理图

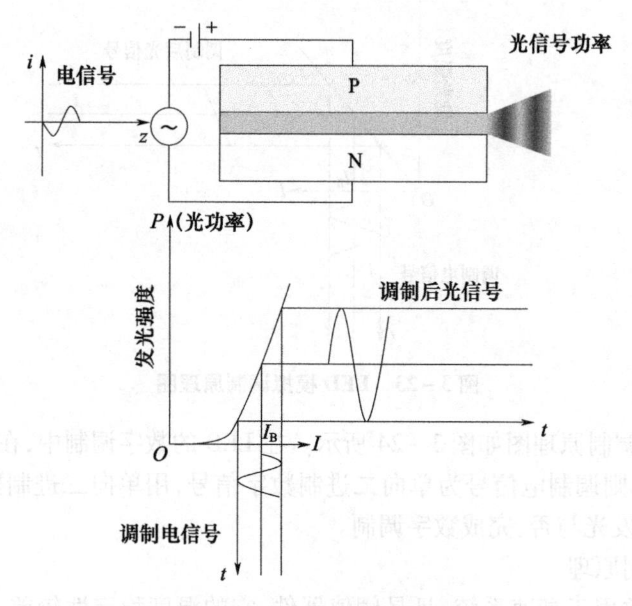

图 3－25　LD 模拟调制原理图

(1)加大直流偏置电流使其逼近阈值,可以大大减小电光延迟时间,同时使张弛振荡得到一定程度的抑制。图 3－27 所示为 LD 无偏置和有偏置时脉冲瞬态波形和光谱。由图中可以看出,由于 LD 加了足够的预偏置电流,调制电流脉冲幅度较小,预偏置后张弛振荡大大减弱,谱线减少,光谱宽度变窄;另外,电光延迟的减小,也大大提高了调制速率。

(2)当激光器偏置在阈值附近时,较小的调制脉冲电流即能得到足够功率的输出光脉冲,从而可以大大减小码型效应。

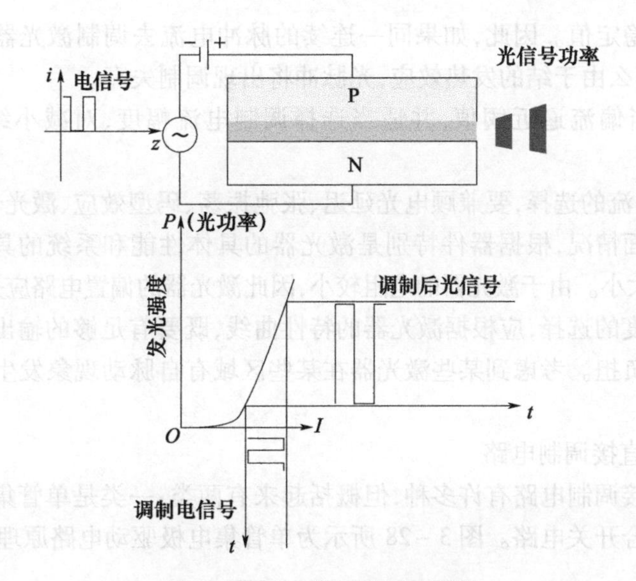

图3-26　LD数字调制原理图

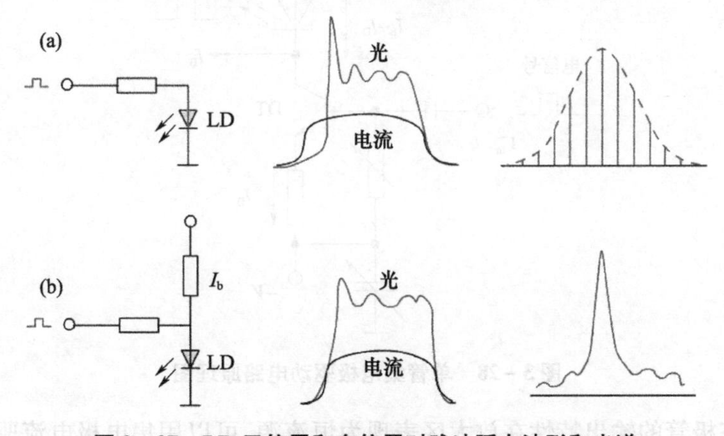

图3-27　LD无偏置和有偏置时脉冲瞬态波形和光谱

(3)加大直流偏置电流会使激光器的消光比恶化。消光比是指激光器在全"1"码时发送的光功率(P_1)与全"0"码时发射的光功率(P_0)之比,用dB表示为

$$\mathrm{EXT}=10\lg\frac{P_1}{P_0}\quad(\mathrm{dB})\tag{3-7}$$

光源的消光比将直接影响接收机的灵敏度。为了不使接收机的灵敏度明显下降,消光比一般应大于10dB。如果激光器的偏置电流I_B过大,势必会使消光比恶化,降低接收机的灵敏度。通常,取$I_B=(0.85\sim0.9)I_{th}$,驱动脉冲电流的峰-峰值I_m一般取$I_m+I_B=(1.2\sim1.3)I_{th}$,以避免结发热和码型效应。

结发热效应表现在阈值和输出光功率随结温的变化。稳态时,体现在其输出特性随温度的变化;瞬态时,调制电流I_m的出现也会使结温在阈值时发生一定波动。这种波动也将引起阈值电流和输出光功率发生波动。

在电流脉冲持续时间内,结温将随时间t的增加而增加,而输出光功率却随时间增加而减小;当电流脉冲过后,情况正好相反,结温随t减小,输出的光功率却随t增加,最后达到偏置电流的稳定值。因此，如果同一连续的脉冲电流去调制激光器，而且脉冲电流的宽度足够宽，那么由于结的发热效应，光脉冲将出现调制失真。

实验证明，当偏流逼近阈值，并适当选择调制电流幅度，对减小结发热效应是有利的。

因此，偏置电流的选择，要兼顾电光延迟、张弛振荡、码型效应、激光器的消光比以及散粒噪声等各方面情况，根据器件特别是激光器的具体性能和系统的具体要求，适当地选择偏置电流的大小。由于激光器的电阻较小，因此激光器的偏置电路应是高阻恒流源。

调制电流幅度的选择，应根据激光器的特性曲线，既要有足够的输出光脉冲功率，又要考虑到光源的负担。考虑到某些激光器在某些区域有自脉动现象发生，I_m 的选择应避开这些区域。

3）激光器的直接调制电路

激光器的直接调制电路有许多种，但概括起来有两类：一类是单管集电极驱动电路，另一类是射极耦合开关电路。图 3－28 所示为单管集电极驱动电路原理图。

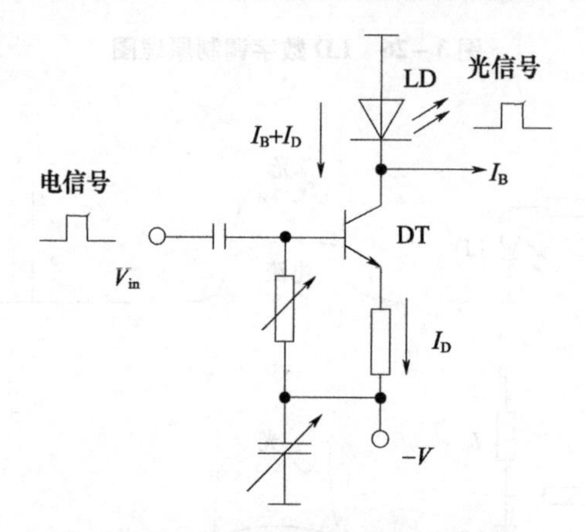

图 3－28　单管集电极驱动电路原理图

半导体三极管的输出特性在放大区表现为恒流源，可以用集电极电流驱动光源。图中 DT 为驱动管，当电信号加在 DT 基极时，即可驱动集电极电路中的激光器，使之输出的光功率随信号的变化而变化。DT 工作在开关状态，图 3－29 所示为射极耦合光发送驱动电路。

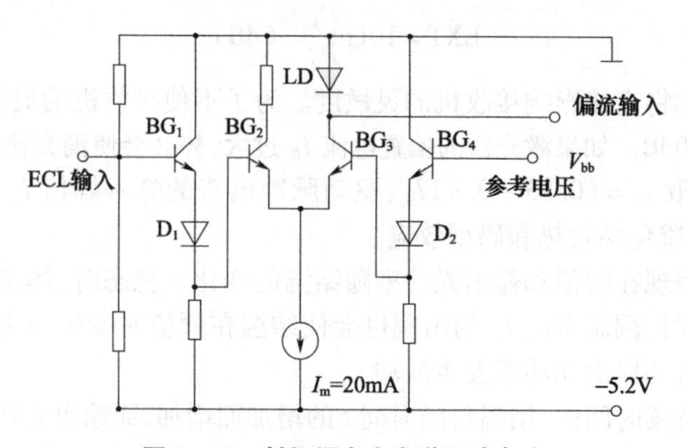

图 3－29　射极耦合光发送驱动电路

4）自动功率控制电路（APC）

在使用中，LD结温的变化以及老化都会使I_{th}增大，量子效率下降，从而导致输出光脉冲的幅度发生变化。为了保证激光器有稳定的输出光功率，需要有各种辅助电路，例如功率控制电路、温控电路、限流保护电路和各种告警电路等。

光功率自动控制有许多方法：一是自动跟踪偏置电流，使LD偏置在最佳状态；二是峰值功率和平均功率的自动控制；三是P-I曲线效率控制法等。但最简单的办法是通过直接检测光功率控制偏置电流，用这种办法即可收到良好的效果。该办法是利用激光器组件中的PIN光电二极管，监测激光器背向输出光功率的大小，若功率小于某一额定值时，通过反馈电路后驱动电流增加，并达到额定输出功率值。反之，若光功率大于某一额定值，则使驱动电流减小，以保证激光器输出功率基本上恒定不变。

5）自动温度控制电路（ATC）

温度变化引起LD输出光功率的变化，虽然可以通过APC电路进行调节，使输出光功率恢复正常值。但是，如果环境温度升高较多，经APC调节后，I_B增大较多，则LD的结温因此也升高很多，致使I_{th}继续增大，造成恶性循环，从而影响了LD的使用寿命。因此，为保证激光器长期稳定工作，必须采用自动温度控制电路（ATC）使激光器的工作温度始终保持在20℃左右。LD的温度控制由微型制冷器、热敏电阻及控制电路组成，如图3-30所示。

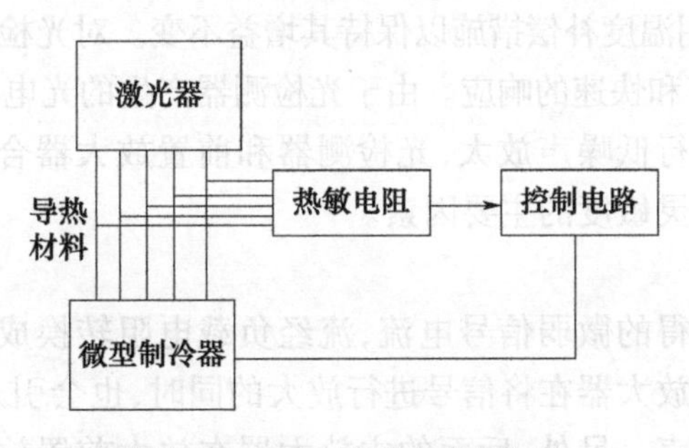

图3-30 LD的温度控制电路

微制冷器多采用半导体制冷器。它是利用半导体材料的珀尔帖效应制成的。当直流电流通过两种半导体组成的电偶时，出现一端吸热另一端放热的现象，这种现象称为珀尔帖效应。微型半导体制冷器的温差可以达到30~40℃。

3.2.3 光接收机

光发送机输出的光信号，在光纤中转输时，不仅幅度会受到衰减，而且脉冲的波形也会被展宽。光接收机的任务是以最小的附加噪声及失真恢复出由光纤传输、光载波所携带的信息，因此光接收机的输出特性综合反映了整个光纤通信系统的性能。

光纤通信系统有模拟和数字两大类，和光发射机一样，光接收机也有数字接收机和模拟接收机两种形式。它们均由反向偏压下的光电检测器、低噪声前置放大器及其他信号处理电路组成，是一种直接检测（DD）方式。与模拟接收机相比，数字接收机更复杂，在主放大器后还有均衡滤波、定时提取与判决再生、峰值检波与AGC放大电路。但因它们在高电平下工作，并不影响对光接收机基本性能的分析。光接收机结构如图3-31所示。

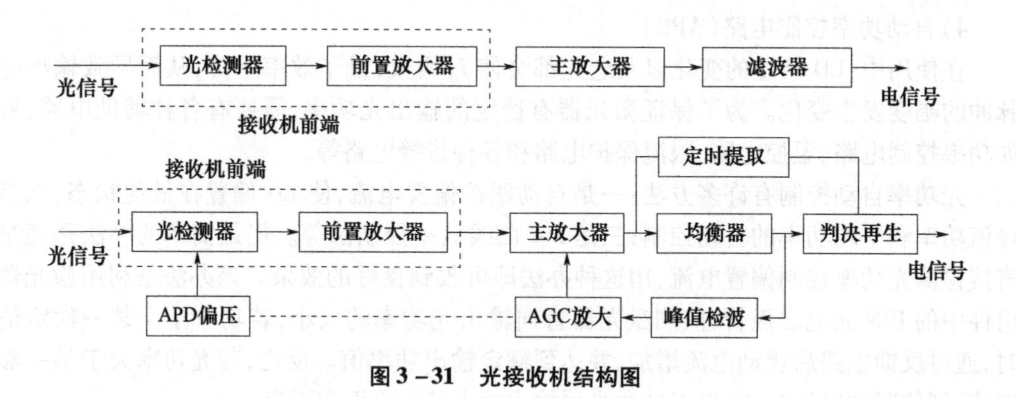

图3－31 光接收机结构图

1. 光检测器

光检测器是光接收机的第一个关键部件，其作用是把接收到的光信号转化成电信号，目前在光纤通信系统中广泛使用的光检测器是PIN光电二极管和雪崩光电二极管APD。PIN管比较简单，只需10～20V的偏压即可工作，且不需偏压控制，但它没有增益，因此使用PIN管的接收机的灵敏度不如APD管。APD管具有10～200倍的内部电流增益，可提高光接收机的灵敏度。但使用APD管比较复杂，需要几十伏到200V的偏压，并且温度变化较严重地影响APD管的增益特性，所以通常需对APD管的偏压进行控制以保持其增益不变，或采用温度补偿措施以保持其增益不变。对光检测器的基本要求是高的转换效率、低的附加噪声和快速的响应。由于光检测器产生的光电流非常微弱（nA～μA），必须先经前置放大器进行低噪声放大，光检测器和前置放大器合起来称为接收机前端，其性能的优劣决定接收灵敏度的主要因素。

2. 前置放大器

经光检测器检测而得的微弱信号电流，流经负载电阻转换成电压信号后，由前置放大器加以放大。但前置放大器在将信号进行放大的同时，也会引入放大器本身电阻的热噪声和晶体管的散弹噪声。另外，后面的主放大器在放大前置放大器的输出信号时，也会将前置放大器产生的噪声一起放大。前置放大器的性能优劣对接收机的灵敏度有十分重要的影响。为此，前置放大器必须是低噪声、宽频带放大器。

3. 主放大器

主放大器主要用来提供高的增益，将前置放大器的输出信号放大到适合于判决电路所需的电平。前置放大器的输出信号电乎一般为毫伏量级，而主放大器的输出信号一般为1～3V（峰-峰值）。

4. 均衡器

均衡器的作用是对主放大器输出的失真的数字脉冲信号进行整形，使之成为最有利于判决、码间干扰最小的升余弦波形。均衡器的输出信号通常分为两路；一路经峰值检波电路变换成与输入信号的峰值成比例的直流信号，送入自动增益控制电路，用以控制主放大器的增益；另一路送入判决再生电路，将均衡器输出的升余弦信号恢复为“0”或“1”的数字信号。

5. 定时提取电路

定时提取电路用来恢复采样所需的时钟。衡量接收机性能的主要指标是接收灵敏度。在接收机的理论中,中心的问题是如何降低输入端的噪声,提高接收灵敏度。光接收机灵敏度主要取决于光检测器的响应度以及检测器和放大器的噪声。

6. 线性通道

由光检测器、前置放大器、主放大器和均衡器构成的这部分电路称为线性通道。在光接收机中,线性通道主要完成对信号的线性放大,以满足判决电平的要求。

3.3 光纤放大器

由于光纤损耗的存在,导致光信号能量的降低,因此任何光纤通信系统的传输距离都受到限制。在长距离光纤传输系统中,当光信号沿光纤传播一定的距离后,必须利用中继器对已衰减了的光信号进行放大,或者在光信号进入接收机前进行放大等。这些功能的实现都需要放大器。

目前已实现的用于光纤通信的光放大器有半导体激光放大器、利用受激拉曼散射和受激布里渊散射的非线性光纤放大器和掺杂光纤放大器。综合比较这3种光放大器的增益、耦合损耗、噪声及稳定性指标,掺杂光纤放大器性能最为优良,所以掺杂光纤放大器在光纤通信中起着十分重要的作用。

3.3.1 掺铒光纤

掺铒光纤是一种向常规传输光纤的石英玻璃基质中掺入微量铒元素的特种光纤。掺入铒元素的目的是促成被动的传输光纤转变为具有放大能力的主动光纤。由此可知,这种光纤的激光特性、光放大特性等,与铒离子的性质密切相关。

如图3-32所示,铒离子的能级图中,$^4I_{15/2}$能带称为基态;$^4I_{13/2}$能带称为亚稳态,在亚稳态上粒子的平均寿命时间达到10ms;$^4I_{11/2}$能带称为泵浦态,离子在泵浦态上的平均寿命为1μs。除图中标出的吸收带外,还有800nm等其他吸收带。

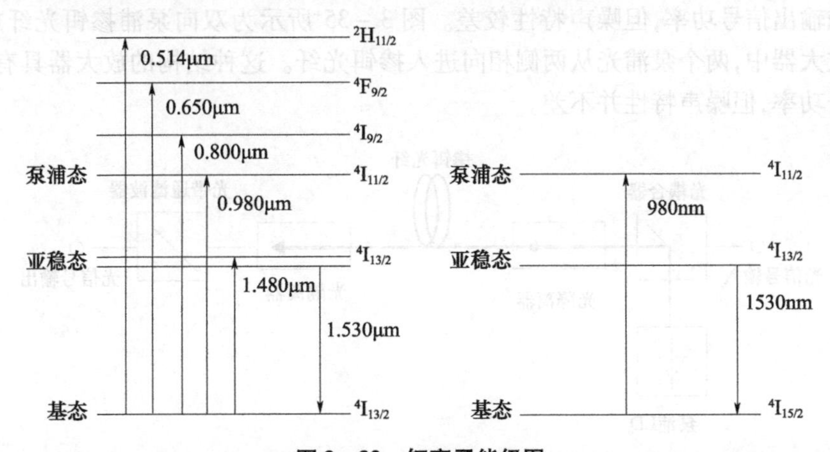

图3-32 铒离子能级图

掺铒光纤之所以能放大光信号的基本原理在于Er^{+3}吸收泵浦光的能量,由基态$^4I_{15/2}$跃迁至处于高能级的泵浦态,对于不同的泵浦波长电子跃迁至不同的能级,由于980nm和1480nm大功率半导体激光器已完全商用化,并且泵浦效率高于其他波长,故得到了最广泛的应用。当用980nm波长的光泵浦时，Er^{+3}从基态跃迁至泵浦态$^4I_{11/2}$。由于泵浦态上载流子的寿命时间只有1μs，之后迅速衰落至亚稳态，在亚稳态上载流子有较长的寿命，在源源不断的泵浦下，亚稳态上的粒子数积累，从而实现了粒子数反转分布。

当有1.55μm信号光通过已被激活的掺铒光纤时，在信号光的感应下，亚稳态上的粒子以受激辐射的方式跃迁到基态。对应于每一次跃迁，都将产生一个与感应光子完全一样的光子，从而实现了信号光在掺铒光纤的传播过程中不断放大。

3.3.2　掺铒光纤放大器

掺铒光纤放大器(Erbium-Doped Fiber Amplifier，EDFA)是目前性能最完美、技术最成熟、应用最广泛的光放大器。

在EDFA诞生以前，已经有利用光纤中非线性效应研制出的光放大器(如光纤拉曼放大器)和利用半导体技术研制出的半导体光放大器(SOA)。到20世纪80年代中期，这几项技术已经比较成熟。但是，由于自身的一些缺陷，它们在光纤通信中的应用并不令人满意。1987年，掺铒光纤放大器的研究取得突破性进展，关于离子态的稀土元素铒在光纤中可提供1.55μm通信波长处的光增益的报道，引起人们的极大兴趣。在短短的几年时间里，EDFA的研究工作硕果累累，并迅速实用化。与其他类型的光放大器相比，EDFA具有高增益、低噪声、对偏振不敏感等优点，能放大不同速率和调制方式的信号，并具有几十纳米的放大带宽。正是由于其近于完美的特性和半导体泵浦源的使用，EDFA给1.55μm窗口的光纤通信带来了一场革命。

1. EDFA的组成和工作原理

掺铒光纤放大器是由一段掺铒光纤、泵浦光源、光耦合器以及光隔离器等组成。如图3-33所示为向前泵浦掺铒光纤放大器，在这种放大器中，信号光和泵浦光同向进入掺铒光纤，这种结构的放大器噪声特性较好。图3-34所示为后向泵浦掺铒光纤放大器，在这种放大器中，信号光和泵浦光从两侧相向进入掺铒光纤。这种结构的放大器具有较高的输出信号功率，但噪声特性较差。图3-35所示为双向泵浦掺铒光纤放大器，在这种放大器中，两个泵浦光从两侧相向进入掺铒光纤。这种结构的放大器具有最高的输出信号功率，但噪声特性并不差。

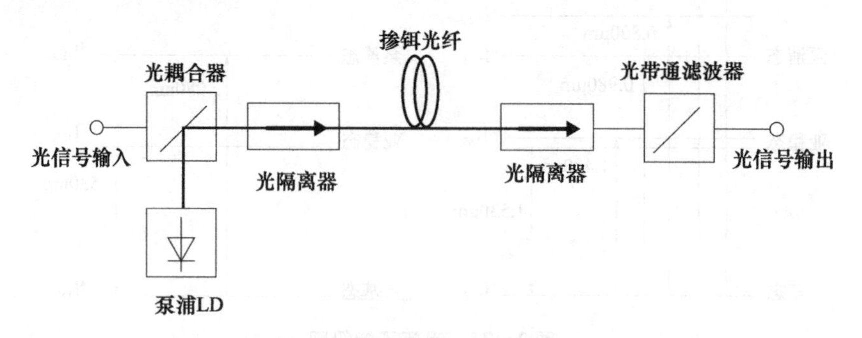

图3-33　前向泵浦掺铒光纤放大器

掺饵光纤放大器采用掺铒离子单模光纤作为增益物质，在泵浦光激发下产生粒子数反转，在信号光诱导下实现受激辐射放大，其实质是泵浦光能量转移给信号光。掺铒光纤构成激活物质，一般长度为几米~几十米；泵浦源由LD提供，其作用是使粒子数反转；

耦合器的作用是将泵浦光和信号光耦合进掺杂的光纤激活物质中；光隔离器用于隔离反馈光信号，提高稳定性；光滤波器用于滤除放大过程中产生的噪声。

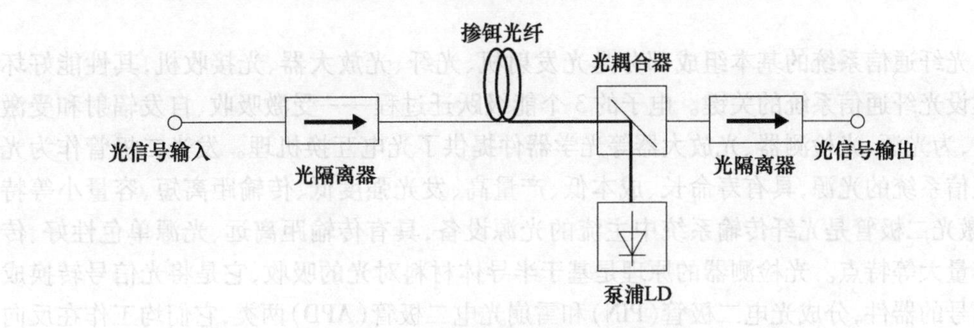

图3－34　后向泵浦掺铒光纤放大器

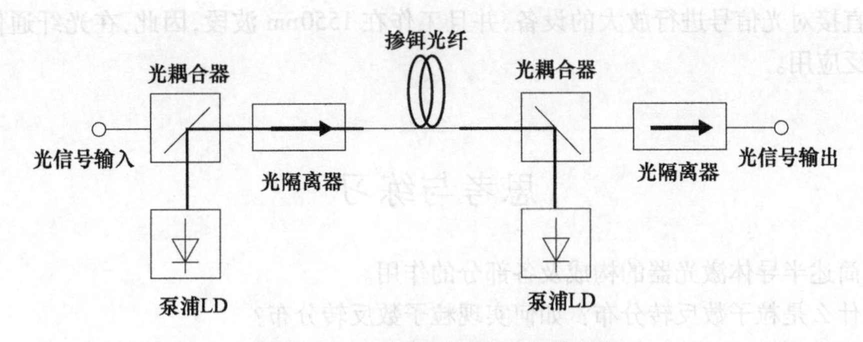

图3－35　双向泵浦掺铒光纤放大器

2. EDFA在系统中的应用

由于EDFA具有插入损耗小、大带宽、增益与偏振态无关、低噪声、低串扰等优点，已在光纤通信系统中获得广泛的应用。其典型应用场合主要分为3类：一是用作线路中的线路放大；二是用作发送端的功率放大器；三是用作接收端的前置放大器，如图3－36所示。

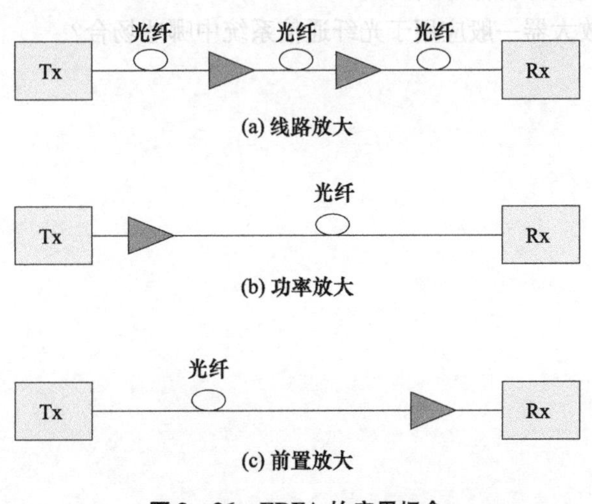

图3－36　EDFA的应用场合

本章小结

光纤通信系统的基本组成部分是光发射机、光纤、光放大器、光接收机，其性能好坏是建设光纤通信系统的关键。电子的3个能级跃迁过程——受激吸收、自发辐射和受激辐射，为光源、光检测器、光放大器等光学器件提供了光电互换机理。发光二极管作为光纤通信系统的光源，具有寿命长、成本低、产量高、发光强度低、传输距离短、容量小等特点；激光二极管是光纤传输系统中主流的光源设备，具有传输距离远、光源单色性好、传输容量大等特点。光检测器的原理是基于半导体材料对光的吸收，它是将光信号转换成电信号的器件，分成光电二极管（PIN）和雪崩光电二极管（APD）两类，它们均工作在反向偏置条件下。光检测器的性能指标有截止波长、量子效率和响应度等。掺铒光纤放大器是可以直接对光信号进行放大的设备，并且工作在1550nm波段，因此，在光纤通信系统中有广泛应用。

思考与练习

1. 简述半导体激光器的构成及各部分的作用。
2. 什么是粒子数反转分布？如何实现粒子数反转分布？
3. 半导体激光器的阈值条件是什么、谐振条件是什么？
4. 简述半导体激光器的工作特性。
5. 简述半导体发光二极管的工作特性。
6. 半导体激光器和半导体发光二极管有何区别？
7. 什么是自发辐射、受激辐射和受激吸收？
8. 简述光电二极管工作原理。
9. 雪崩光电二极管的特点是什么？
10. 掺铒光纤放大器一般应用于光纤通信系统中哪些场合？

第4章 光无源器件

学习目标

- 掌握常用光无源器件的用途和性能指标。
- 了解常用光无源器件的分类、工作机理。

光通信器件可分为光有源器件和光无源器件。光有源器件是指工作时需要外部电源供电的光通信器件,如光源、光检测器、光放大器等已在前面章节进行介绍。光无源器件是指不需要外部电源供电的光通信器件,主要包括光纤活动连接器、光纤耦合器、光波分复用器、光衰减器、光隔离器等。随着技术发展,有些无源器件逐渐集成多种功能,并加载电源,归为有源器件一类。本章着重介绍传统光无源器件的主要功能、性能指标、应用场合等。

4.1 光纤活动连接器

光纤活动连接器,简称光纤连接器,俗称活接头,是用于连接两根或多根光纤的可重复插拔的光无源器件。光纤连接器主要用于光纤与设备、光纤与光测仪表、光纤与光纤之间的活动连接,它是组成光纤通信线路不可缺少的重要器件之一。

4.1.1 光纤活动连接器的结构

光纤活动连接器就是把光纤的两个端面精密对接起来,最重要的就是要使两根光纤的轴心对准,以使发射光纤输出的光能量最大限度地耦合到接收光纤中去,并使由于其介入光链路而对系统造成的影响减到最小。各种类型的光纤连接器的基本结构是一致的,大多采用由两个插针体和一个耦合管(套筒)构成的精密组件,以实现光纤的对准连接,如图4-1所示。以耦合管为主体的中间连接件称为光纤适配器,俗称法兰盘。如果适配器两端连接不同的接口类型,也称为光纤转换器。

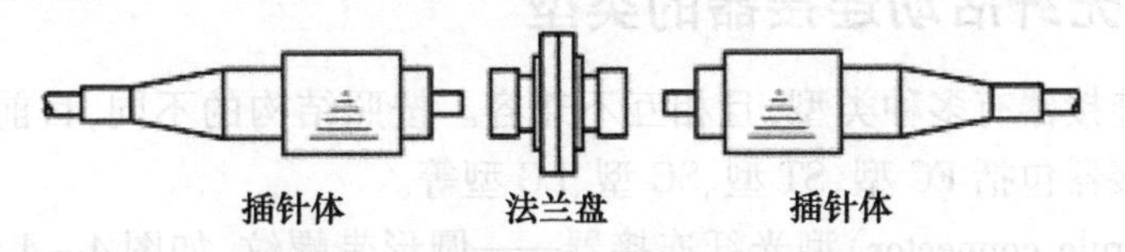

图4-1 光纤活动连接器结构示意图

如果要将光信号从光纤送到接收器,必须使用插头-插座对。插座里有一个导向装置,负责将光纤的纤芯引导到插座孔中。图4-2所示为一个典型的插头-插座结构的连接。

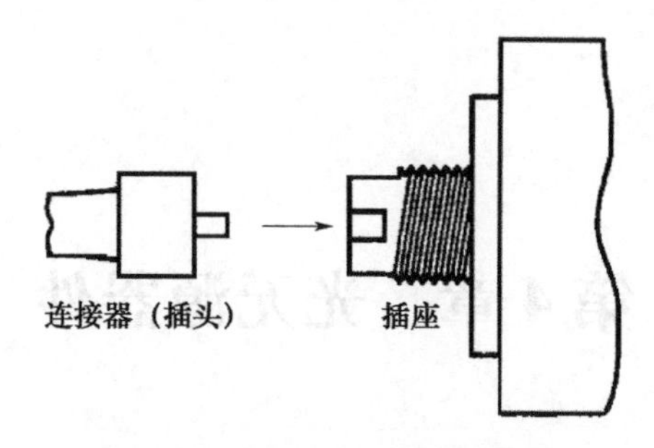

图4－2　插头-插座结构的连接

连接器最关键的部件是插针体，它必须不易变形、耐磨损、与光纤材料膨胀系数相差不大，足够强韧以保护裸光纤免受机械损伤，晶粒足够小（<0.3μm）以易于抛光。目前，制作插针体最常用的材料是一种被称为氧化锆的特殊陶瓷。

装有光纤的陶瓷插针体，其端面的形状与连接器件性能优劣密切相关。如图4－3(a)所示的插针体端面为平面接触，称为FC(facial contact)型端面。FC型端面连接器结构简单，制作容易，但端面对微尘敏感，易产生菲涅耳反射，回波损耗较大。将插针体端面研磨成球面，能够起到更好的光耦合作用，称为PC(physical contact)型端面，如图4－3(b)所示。根据球面研磨的不同，又产生SPC(超级PC)端面和APC(角度PC)型端面，如图4－3(c)所示。在PC、SPC和APC端面连接器的插入损耗值都小于0.4dB的情况下，回波损耗分别小于－40dB、－50dB和－60dB。

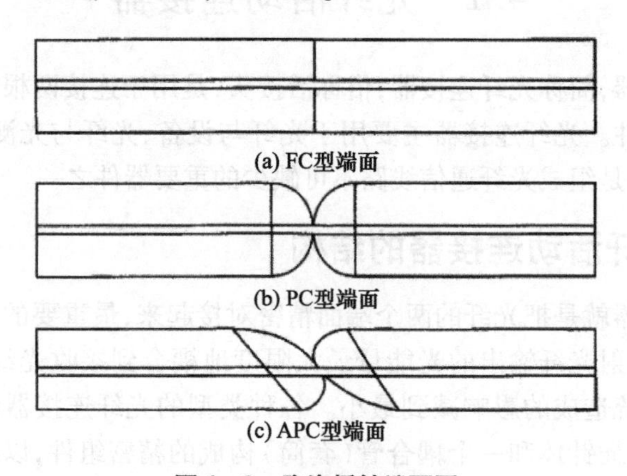

图4－3　陶瓷插针端面图

4.1.2　光纤活动连接器的类型

光纤活动连接器有多种类型，且相互不兼容。按照结构的不同，目前市场上占主导地位的单芯连接器包括FC型、ST型、SC型、LC型等。

(1) FC(ferrule connector)型光纤连接器——圆形带螺纹，如图4－4所示。FC连接器外部加强方式是采用金属套，紧固方式为螺丝扣。早期FC类型的连接器采用的陶瓷插针对接端面是平面接触方式(FC)。此类连接器结构简单，操作方便，制作容易，但光纤端面对微尘较为敏感，且容易产生菲涅耳反射，提高回波损耗性能较为困难。后来，对该类型连接器做了改进，采用对接端面呈球面的插针(PC)，而外部结构没有改变，使得插入损耗和回波损耗性能有了较大幅度的提高。

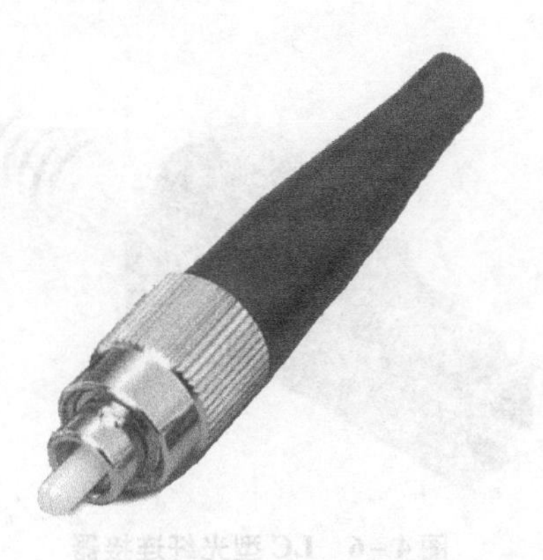

图4-4 FC型光纤连接器

(2)SC(square connector)型光纤连接器——卡接式方形,如图4-5所示。其外壳呈矩形,所采用的插针和耦合套筒的结构尺寸与FC型完全相同,其中插针的端面多采用PC或APC型研磨方式,紧固方式采用插拔销闩式,不需旋转。此类连接器价格低廉,插拔操作方便,介入损耗波动小,抗压强度较高,可高密度安装。

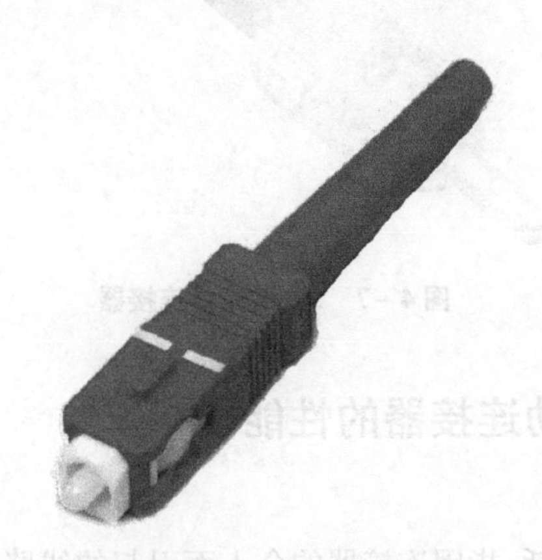

图4-5 SC型光纤连接器

(3)LC(lucent connector)型光纤连接器——卡接式方形,如图4-6所示。LC型连接器采用操作方便的模块化插孔闩锁机理制成。其所采用的插针和套筒的尺寸是普通SC、FC型连接器尺寸的1/2,为1.25mm,这样可以提高光配线架中光纤连接器的密度。目前,LC类型的连接器应用增长迅速。

(4)ST(straight tip)型光纤连接器——卡扣式圆形,如图4-7所示。其外壳呈圆形,所采用的插针和耦合套筒的结构尺寸与FC型完全相同,其中插针的端面多采用PC型或APC型研磨方式,紧固方式为螺丝扣。此类连接器适用于各种光纤网络,操作简便,且具有良好的互换性。

在光纤通信系统中,光端机所要求的光纤连接器的型号不尽相同,各种光纤测试仪器仪表(如OTDR、光功率计、光衰减器)所要求的光纤连接器的型号也不尽相同。因此,工程建设中需要考虑兼容性和统一型号的标准化问题。要根据光路系统损耗的要求、光端机光接头的要求及光路维护、测试仪表光接头的要求，综合考虑、合理选择光纤连接器的型号。

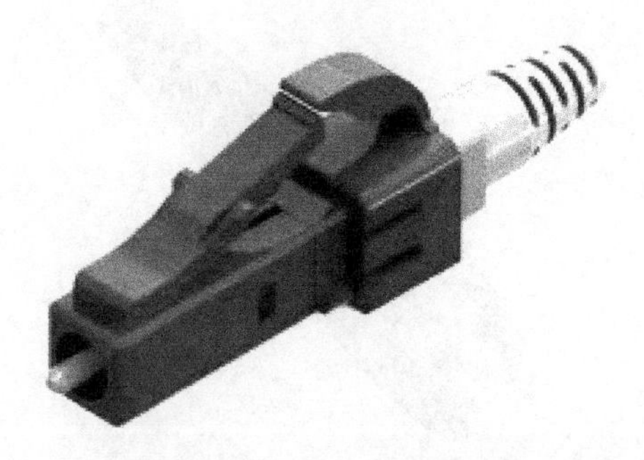

图4-6 LC型光纤连接器

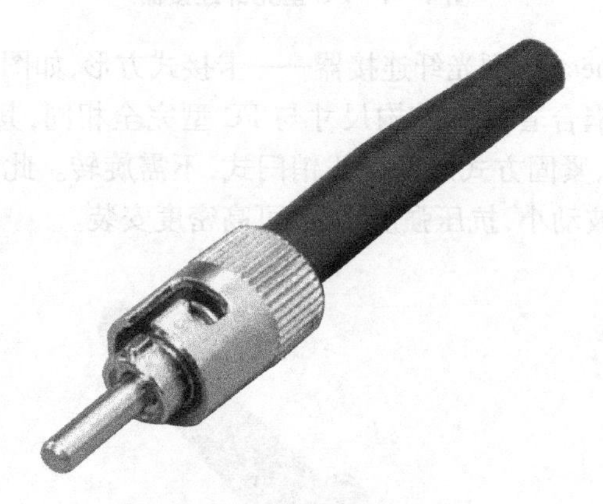

图4-7 ST型光纤连接器

4.1.3 光纤活动连接器的性能指标

1. 插入损耗

插入损耗也称连接损耗，指因连接器的介入而引起的线路有效光功率的损耗。插入损耗的值等于输出光功率相对于输入光功率的比值的分贝数，即

$$\alpha_c = -10\lg\frac{P_o}{P_i} \quad (\mathrm{dB}) \tag{4-1}$$

式中，α_c 为插入损耗，P_i 为平均输入光功率，P_o 为平均输出光功率。插入损耗是连接器最重要的特性。ITU-T建议，光纤活动连接器的插入损耗不大于0.5dB，典型值0.2dB。对用户而言，插入损耗越小越好。

2. 回波损耗

回波损耗又称后向反射损耗，指在光纤连接处，后向反射光相对于输入光的比值的分贝数，即

$$R_L = -10\lg\frac{P_r}{P_i} \quad (\mathrm{dB}) \tag{4-2}$$

式中，R_L 为回波损耗，P_i 为平均输入光功率，P_r 为后向反射光功率。ITU-T建议，光纤活

动连接器的回波损耗不小于40dB,典型值为45dB。对用户而言,回波损耗越大越好。反射光影响光源的稳定性,使光源的输出光波长发生变化并产生附加噪声。

3. 重复性

重复性(耐用性)是指光纤活动连接器多次插拔后插入损耗的变化,用dB表示。资料显示,经过一定次数的插拔后,连接器的插入损耗会有所增加,通常要求500次插拔增量小于0.2dB。保持插针体表面的清洁、避免刮痕和其他微小的损坏,从而确保连接器在多次使用后仍能保持其良好性能,这是安装和维护人员的重要职责。

4. 互换性

互换性是指连接器各部件互换时插入损耗的变化。一般允许插入损耗偏离标称值的大小为0.1dB。

5. 温度特性

一般要求光纤连接器在-40~+70℃温度范围内能够正常使用。

4.2 光纤耦合器

光纤耦合器是使传输中的光信号进行功率再分配的器件,也称光分路合路器。例如,在光纤通信系统应用及其测试中,经常需要从光纤的主传输信道中取出一部分光信号,用于监测和控制;在光纤CATV系统中,需要将一路电视信号分为多路信号送入各家各户,这都需要光耦合器来完成。广义上讲,光波分复用器是具有波长选择功能的耦合器,关于光波分复用器的讨论详见4.3节。

4.2.1 光纤耦合器的端口配置

从端口形式上划分,光纤耦合器可分为T型(1×2或2×1)耦合器、星型($N\times M$)耦合器和树型($1\times N$)耦合器。

1. T型耦合器

T型耦合器是一种3端口耦合器,其功能是将一根光纤输入的光信号按一定比例分配给两根光纤,或者将两根光纤输入的光信号组合送入到同一根光纤中传输。图4-8(a)、(b)所示为T型耦合器的端口形式。

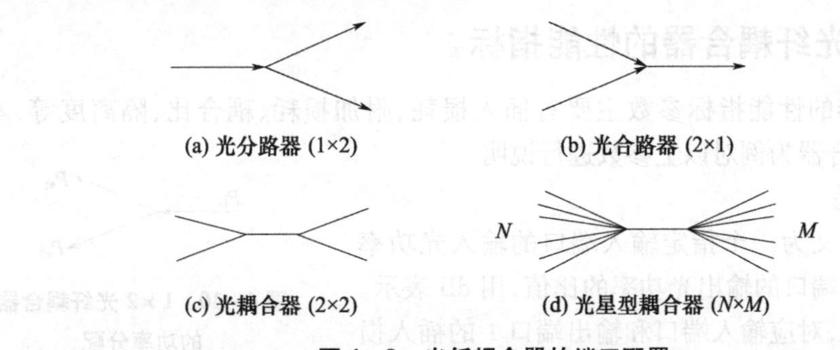

图4-8 光纤耦合器的端口配置

2. 星型耦合器

星型($N\times M$)耦合器的功能是把N根光纤输入的光信号组合,功率均匀分配给M根光纤，M 与 N 可以相等也可以不相等。图 4－8(d)是光星型耦合器($N \times M$)示意图。图 4－8(c)所示的光耦合器(4 端口)也可以表示为 2×2 耦合器。

3. 树型耦合器

树型($1 \times N$)耦合器的主要功能是将一根光纤输入的光信号分配给 N 根输出光纤。它是光纤 CATV 系统的重要器件。当 $N=2$ 时，树型耦合器就是图 4－8(a)所示的 T 型耦合器。

4.2.2 光纤耦合器的工作原理

按分光原理，光纤耦合器可以分为熔融拉锥型和平面波导型两种。

熔融拉锥型耦合器就是将两根或两根以上的光纤，除去涂覆层后靠拢，在高温加热下熔融，并向两侧拉伸，最终在加热区形成双锥体形式的波导结构，通过控制光纤扭转角度和拉伸长度，可得到不同的分光比，如图 4－9 所示，最后将拉锥区固化保护。熔融拉锥型耦合器具有附加损耗小、工艺简单、技术成熟、成本低等优点，为主流制造技术。

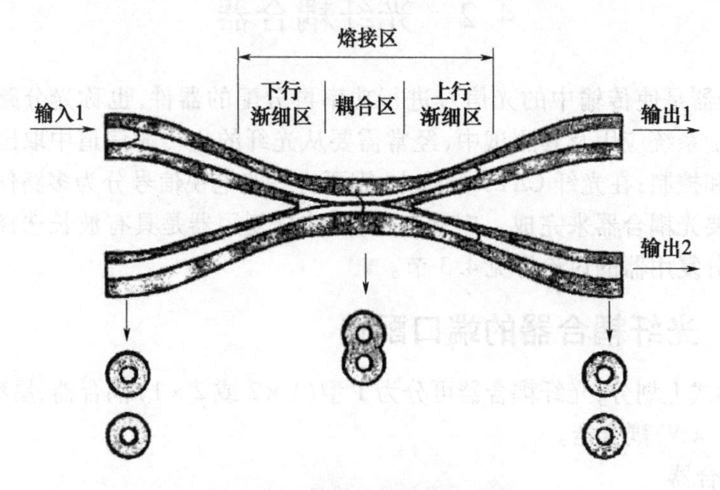

图 4－9　熔融拉锥型耦合原理

平面波导型光纤耦合器采用光刻、腐蚀、显影等半导体工艺制造技术，具有分光比精度高、体积小等优点，但工艺复杂，成本高。

4.2.3 光纤耦合器的性能指标

光纤耦合器的性能指标参数主要有插入损耗、附加损耗、耦合比、隔离度等，本书以 1×2 光纤耦合器为例对以上参数进行说明。

1. 插入损耗

插入损耗定义为一个指定输入端口的输入光功率和一个指定输出端口的输出光功率的比值，用 dB 表示。如图 4－10 所示，对应输入端口和输出端口 1 的插入损耗值为输入光功率 P_i 与端口 1 的输出光功率 P_{o1} 之比。

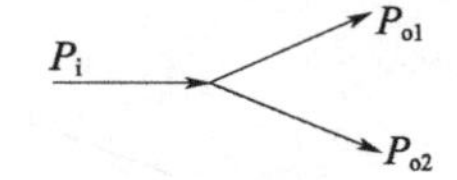

图 4－10　1×2 光纤耦合器的功率分配

其表达式如式(4－3)所示。同理，还可以计算出对应输入端口和输出端口 2 的插入损耗值。

插入损耗仅表示光纤耦合器各个输出端口的输出功率状况,不仅有固有损耗因数,还受分光比的影响。因此,不同光纤耦合器插入损耗的差异并不能反映器件制作质量的优劣。

$$\alpha_{插入} = -10\lg \frac{P_{o1}}{P_i} \quad (dB) \tag{4-3}$$

2. 附加损耗

光纤耦合器的附加损耗是指光纤耦合器全部输入端口的输入光功率与全部输出端口的输出光功率的比值,用 dB 表示。附加损耗是体现光纤耦合器制造工艺质量的指标,反映器件的固有损耗,这个损耗越小越好,一般要求不高于 0.5dB。

$$\alpha_{附加} = -10\lg \frac{P_{o1}+P_{o2}}{P_i} \quad (dB) \tag{4-4}$$

3. 耦合比

耦合比也称分光比,定义为各输出端口的输出光功率之比。

$$T = \frac{P_{o1}}{P_{o2}} \tag{4-5}$$

50 : 50 的耦合比非常普遍,而带 1 : 99 典型比的抽头耦合器被用作监视 EDFA 的输入和输出信号。

4. 隔离度

隔离度是指某一光路对其他光路中的光信号的隔离能力,定义为一个输入端口的输入光功率与由耦合器泄漏到其他输入端口的光功率的比值,用分贝表示。隔离度越高,线路中的串音越小。

如图 4-11 所示,P_{i1} 为端口 1 输入光功率,该光功率理想状态下应该全部经输出端口输出;但信号经过耦合器时,一小部分光泄漏到端口 2 中,其功率用 P_{12} 表示,则隔离度 D 为

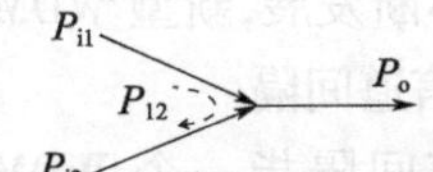

图 4-11 耦合器的线路串音

$$D = 10\lg \frac{P_{i1}}{P_{12}} \quad (dB) \tag{4-6}$$

4.3 光波分复用器

光纤耦合器一般指对同一个波长的光功率进行组合或分离,波分复用器则是针对不同波长进行组合或分离。波分复用器在解决光缆线路的扩容和复用中起着关键作用,可以成倍提高光纤通信容量。利用该器件构成的大容量光纤传输系统称为光波分复用系统。

4.3.1 波分复用器的工作原理

在电通信系统中,为充分利用信道的带宽资源,提高系统的传输容量,常采用的技术之一是频分复用(FDM)技术。频分复用技术是指给不同路信号分配不同载波频率,各路信号在同一物理信道中传输,在接收端利用带通滤波器分离各路信号。光波分复用器采

用同一原理完成多路光信号的复用和解复用，由于光信号的频率差别较大，因此采用波长来定义，将该技术称为波分复用(WDM)技术，对应器件称为光波分复用器。

WDM 系统充分利用单模光纤的低损耗区的带宽资源，将低损耗窗口划分成若干波长信道，各信道的频率(波长)不同。在发送端把不同波长的多个发射机输出的光信号复合在一起，注入到同一根光纤中，利用一根光纤传输多路光信号，达到信号复用传输的目的，完成该功能的装置称为光合波器。在接收端，把一根光纤输出的多个波长的复合光信号，还原成单路不同波长的光信号，并分配给不同的接收机，完成该功能的装置称为光分波器；光波分复用器是光分波器和光合波器的统称，其原理如图 4－12 所示。

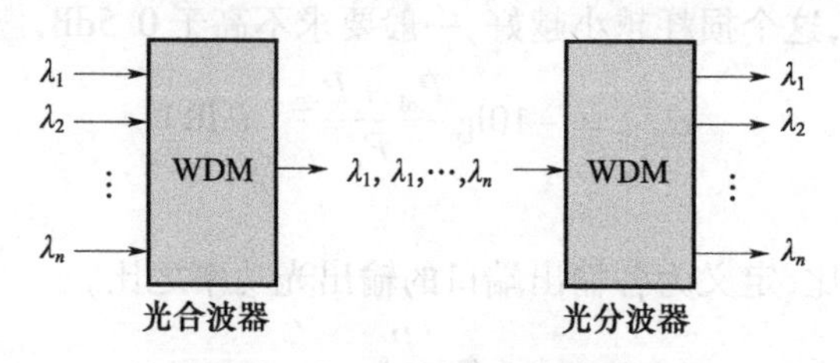

图 4－12　WDM 器件原理图

4.3.2　波分复用器的技术指标

1. 中心波长

中心波长指各信道的工作波长，比如某两波长 WDM 器件的中心波长为 1310nm/1550nm。中心波长的数目也就是 WDM 器件的信道数，典型值是 4、8、16、32 和 48，随着技术的不断发展，新型 WDM 器件的信道数不断增加。

2. 信道间隔

信道间隔指一个 WDM 器件能处理的信道中心间隔之间的最小距离，标准值是 0.4nm(50GHz)、0.8nm(100GHz)和 1.6nm(200GHz)。一般将信道间隔不大于 200GHz 的 WDM 器件称为密集波分复用器(DWDM)。

3. 通带带宽

通带带宽指 WDM 器件中某一个特定波长信道的谱线宽度。

4. 插入损耗

WDM 器件的插入损耗指某一特定光通道的光信号通过 WDM 器件后所引入的功率损耗，用分贝表示。也就是说，每个中心波长都有相对应的插入损耗值，插入损耗越小越好。

5. 隔离度

WDM 器件的隔离度也称波长隔离度或通带间隔离度，定义为某一规定波长的输入光功率与从非指定端口输出的该波长的光功率之比，用分贝表示。例如，波长为 λ_1 的光信号输入功率为 P_1，理想状况下该波长信号全部由输出端口 1 输出，实际情况会有少量光泄漏到其他输出端口，这里假设从端口 2 输出波长为 λ_1 的光信号功率为 P_{12}，则隔离度的值为 P_1 与 P_{12}之比。隔离度是 WDM 器件最重要的一个指标，其大小对信道的串音水平有直接影响。相邻通路的隔离度应在 25dB 以上，非相邻通路的隔离度应在 30dB 以上。

4.4 光衰减器

光衰减器是用来稳定地、准确地减小光功率的器件。光衰减器的作用是当光通过该器件时,使光强达到一定程度的衰减。在下列情况时需要减小光功率:一是接收机接收的光信号功率过大,超出接收机动态范围,会造成接收机饱和(参见3.2节),这时在接收机前需要加光衰减器以减小光信号功率;二是在WDM系统中进行多路复用前、EDFA进行放大前,为了使各信道波长功率均衡,在大功率信道增加光衰减器,如图4-13所示;三是进行系统测试和实验室评测时使用光衰减器。

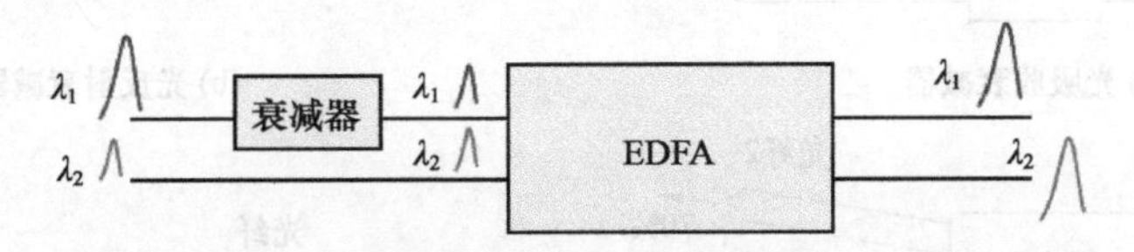

图4-13 利用光衰减器进行放大前的功率平衡

4.4.1 光衰减器的分类

按照光信号的衰减方式,衰减器可分为固定衰减器和可变衰减器两种;按照光信号的传输方式,衰减器可分为单模光衰减器和多模光衰减器。

1. 固定光衰减器

固定光衰减器造成的功率衰减值是固定不变的,一般用于调节传输线路中某一区间的损耗。固定衰减器引入一个预定损耗,例如5dB、10dB等,它们是真正的无源元件,主要优点是尺寸小和价格低,适用于接线板和配线盒。

2. 可变光衰减器

可变光衰减器带有光纤连接器,通常是分挡进行衰减的。相对固定衰减器,可变衰减器是动态器件,并且很多可变衰减器不是无源元件,需要外部能源来工作。图4-14所示的可变光衰减器由透镜、光衰减片组成。其中光衰减片可调整旋转角度,改变反射光与透射光比例来改变光衰减的大小。

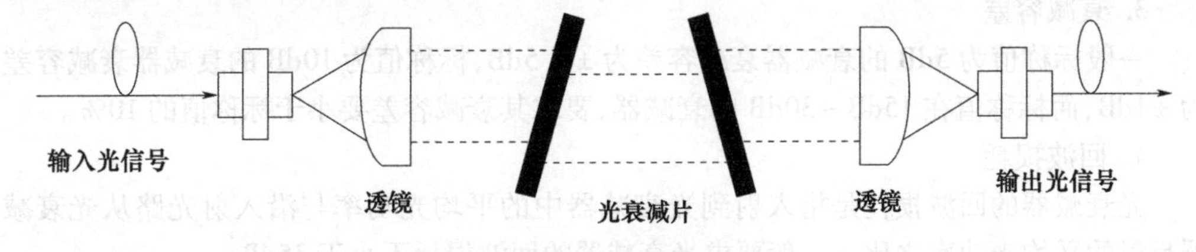

图4-14 光衰减器的结构

光纤输入的光经自聚焦透镜变成平行光束,平行光束经过衰减片再送到自聚焦透镜耦合到输出光纤中去,衰减片通常是表面蒸镀了金属吸收膜的玻璃基片,为减小反射光,衰减片与光轴可以倾斜放置。

可变衰减器分成两类:有移动部件和无移动部件。后者利用光-热、光-电或光-磁效应来改变材料的光吸收量。通过对光吸收材料加热或冷却,或者利用电或磁场,就能控制装置的衰减。有移动部件可变衰减器实际上是光-机械装置,通过改变部分反射镜的角度或间隙或纤芯的偏移而实现光衰减。

4.4.2 衰减机理

要达到衰减光信号的目的,可以采取多种措施,其衰减机理各不相同。最简单的方法是大幅度弯曲光纤,比如将软光缆缠绕在一根笔上,就做成了一个原始而能用的光衰减器。图4-15所示为光衰减器的不同衰减机理。

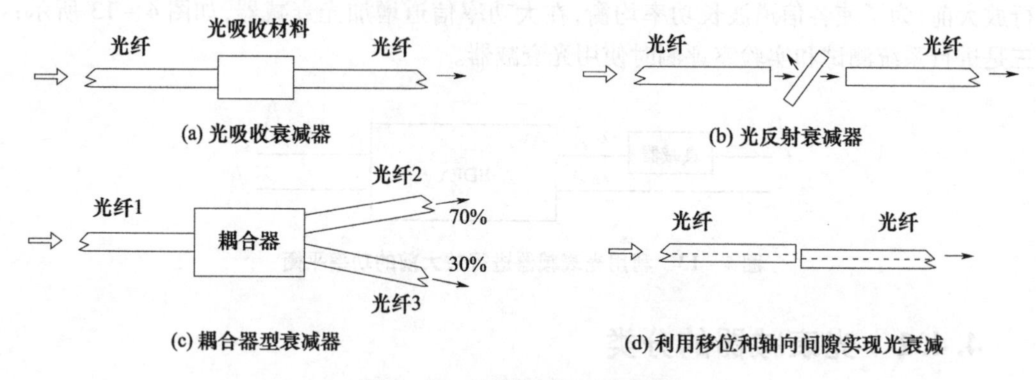

图4-15 不同衰减机理示意图

4.4.3 光衰减器的性能指标

光衰减器的性能指标主要有衰减范围、衰减精度、衰减容差、回波损耗、工作波长以及能处理的最大光功率等。

1. 衰减范围

衰减范围是针对可变衰减器而言的,常用最大衰减值表示。对用于测量设备的特殊衰减器可高达100dB,典型值是60dB左右。对固定衰减器而言,则关注标称衰减值即可。

2. 衰减精度

衰减精度,也称为分辨率,指能被精细调节衰减的准确性。典型的精度值是0.5dB,高精度的衰减器精度可达0.01dB。

3. 衰减容差

一般标称值为5dB的衰减器衰减容差为±0.5dB,标称值为10dB的衰减器衰减容差为±1dB,而标称值在15dB~30dB的衰减器,要求其衰减容差要小于标称值的10%。

4. 回波损耗

光衰减器的回波损耗是指入射到光衰减器中的平均光功率与沿入射光路从光衰减器反射的平均光功率之比。一般要求光衰减器的回波损耗不小于35dB。

4.5 光隔离器

在光纤通信链路中,任何插入光路中的元件都会造成光的菲涅耳反射,逆向反射光进入激光器和光放大器,会导致设备性能严重降低,同时反射光会降低系统信噪比,增大信道误码率,因此必须对反射光进行抑制。光隔离器就是保证光路单向传输的非互易器件，它对正向传输的光信号具有较低损耗，对反向传输光有很大衰减。

4.5.1　光隔离器的工作原理

光隔离器是由两个偏振器和一个法拉第旋光器构成的，利用偏振光性质工作，如图 4－16 所示。当光正向传输时，第一个偏振器（起偏器）将入射光转换为垂直偏振光；这个垂直偏振光通过法拉第旋光器，将偏振方向旋转到 45°方向；第二个偏振器（检偏器）允许 45°偏振光通过，光以最小损耗通过该偏振器。当光反向传输时，先进入第二个偏振器，反向光被转换为 45°偏振光；这个 45°偏振光通过法拉第旋光器，将偏振方向再旋转 45°，反向光变为水平偏振光；而第一个偏振器只允许垂直偏振光通过，该反向传输的水平偏振光不能通过。这就是光隔离器的工作原理。

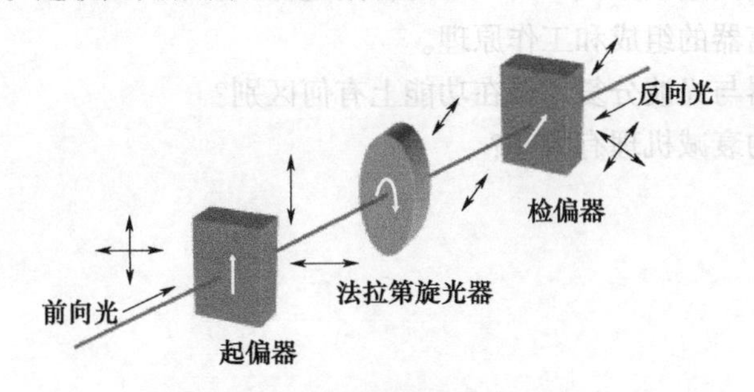

图 4－16　光隔离器的工作原理

如原理所述，隔离器是高度偏振敏感的。当前向光垂直偏振时，工作性能很好，但对其他偏振或非偏振光工作性能不佳。为产生一个偏振不敏感隔离器，前向光先被分解成两束相互垂直的偏振光，两光束经法拉第旋光器旋转后，在耦合到光纤前被重新组合。在反方向上，光也被分解、旋转，但不被重组。

4.5.2　光隔离器的性能指标

光隔离器的主要性能指标有插入损耗、回波损耗、反向隔离度、偏振相关损耗等。光隔离器的插入损耗和回波损耗的定义与活动连接器类似，这里不再赘述，重点说明反向隔离度和偏振相关损耗。

1. 反向隔离度

反向隔离度表征光隔离器对反向传输光的衰减能力，定义为隔离器的反向入射光的功率与反向出射光之比。反向隔离度越大越好，一般大于 40dB。

2. 偏振相关损耗

隔离器的偏振相关损耗（polarization dependent loss，PDL）是指输入光的偏振态发生变化时，导致插入损耗的变化量。PDL 低于 0.1dB 的隔离器就可以认为是与偏振无关的，而低于 0.02dB 的隔离器已经商用化。

本章小结

通信用光器件的重要性随着光纤通信应用范围的不断扩大而日益显著，它们的性能也直接影响到信号传输的各种指标。光无源器件的种类很多,有光纤连接器、光波分复用器、光耦合器、光隔离器等。本章着重掌握光无源器件的功能、主要性能指标和应用场合等。

思考与练习

1. 光无源器件有哪些种类?
2. 光纤活动连接器的作用是什么?
3. 从接口类型上看,常见光纤活动连接器主要有哪几种类型?其各自特点是什么?
4. 连接器的端面连接方式 FC、APC 的含义是什么?
5. 简述光隔离器的组成和工作原理。
6. 光纤耦合器与光波分复用器在功能上有何区别?
7. 光衰减器的衰减机理有哪些?

第5章　光传输技术演进

学习目标

- 了解光传输技术体制的演进过程。
- 重点理解 SDH 技术原理。

当前光网络已经成为了信息通信基础网络的重要组成部分,光传输技术体制不断升级,目前存在着多种光传输体制并存的局面。本章介绍光传输技术体制发展和演进过程中的代表性技术,包括同步数字体系(SDH)、多业务传送平台(MSTP)、密集波分复用(DWDM)、光传送网(OTN)、分组传送网(PTN)和智能光网络(ASON)等,其大体演进过程如图 5-1 所示。

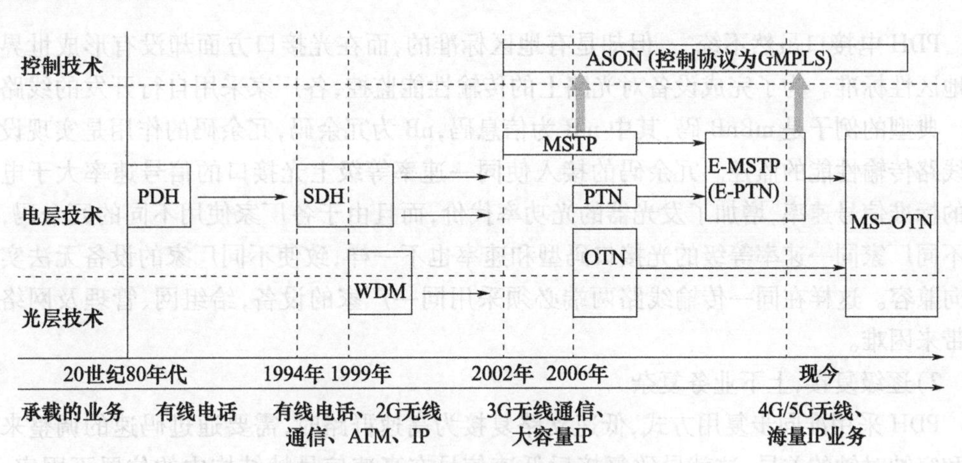

图 5-1　光传输技术体制演进过程

5.1　SDH 技术

SDH(synchronous digital hierarchy)全称为同步数字传输体系,规范了数字信号的帧结构、复用方式、传输速率等级、接口码型等特性。与之对应的,早期的光纤通信系统采用PDH(pseudochronous digital hierarchy)准同步数字传输体系。PDH 在光纤通信技术的发展中曾发挥过重要作用,随着电信网的发展和用户要求的提高,PDH 本身固有的缺陷,使之难以适应现代化通信网大容量、标准化、综合化和智能化的发展需求,PDH 逐渐向 SDH 过渡。当前,SDH 技术日臻成熟,已然成为现代传送网的基础。我国从 1994 年在干线引入 SDH 光传输系统,时至今日,我国 SDH 产品的生产、使用及网络经验均处于世界先进水平。

5.1.1 SDH技术介绍

1. PDH体系存在的主要问题

1)接口不统一,互不兼容

现有的PDH数字体系有3种制式(地区性标准):欧洲(中国)制式、北美制式和日本制式,各制式的电接口速率等级以及信号的帧结构、复用方式均不相同,这种局面造成了国际互通的困难,不适合随时随地便捷通信的要求。表5-1所列为准同步数字体系3种制式的速率等级。

表5-1 PDH 3种制式速率等级

群次		一次群/(kb/s)	二次群/(kb/s)	三次群/(kb/s)	四次群/(kb/s)
欧洲(中国)制式	速率	2048	8448	34368	139264
	路数	30	120	480	1920
北美制式	速率	1544	6312	44736	274176
	路数	24	96	672	4032
日本制式	速率	1544	6312	32064	97728
	路数	24	96	480	1400

PDH电接口虽然不统一,但却是有地区标准的,而在光接口方面却没有形成世界性或地区性标准。为了完成设备对光路上的传输性能监控,各厂家采用自行开发的线路码型。典型的例子是mBnB码,其中mB为信息码,nB为冗余码,冗余码的作用是实现设备对线路传输性能的监控。冗余码的接入使同一速率等级上光接口的信号速率大于电接口的标准信号速率,增加了发光器的光功率代价,而且由于各厂家使用不同的冗余码,导致不同厂家同一速率等级的光接口码型和速率也不一样,致使不同厂家的设备无法实现横向兼容。这样在同一传输线路两端必须采用同一厂家的设备,给组网、管理及网络互通带来困难。

2)逐级复接,上下业务复杂

PDH采用准同步复用方式,低速支路复接为高速群路时,需要通过码速的调整来匹配和容纳时钟的差异,这就导致复接后低速信号在高速信号帧结构中的位置不固定,在高速信号中不能确认低速信号的位置,难以直接分/插出低速信号,需要逐级进行。例如从140Mb/s的信号中分/插出2Mb/s低速信号要经过如图5-2所示过程。

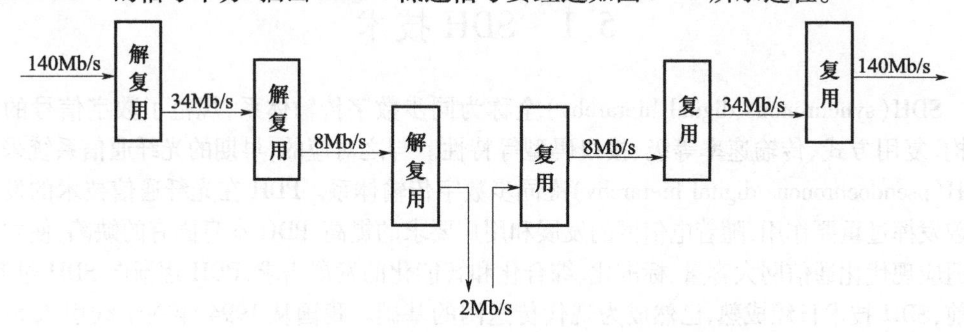

图5-2 从140Mb/s信号分/插出2Mb/s信号示意图

一个140Mb/s信号可复用进64个2Mb/s信号,要从140Mb/s信号中上下一个2Mb/s的信号,需要完整的三级复用和解复用"背靠背"设备。从图5-2中可以看出,在140Mb/s信号分/插2Mb/s信号过程中,首先通过三级解复用设备从140Mb/s的信号中分出2Mb/s低速信号,然后再通过三级复用设备将2Mb/s的低速信号复用到140Mb/s信号中。这样不仅增加了设备的体积、成本、功耗,还会产生信号损伤,使传输性能劣化。

3)开销字节少,网络管理能力弱

PDH信号的帧结构里用于运行维护工作(OAM)的开销字节少,在设备进行光线路编码时,还要通过增加冗余编码来完成线路性能监控功能。开销字节少,意味着线路上除了用户信息,没有足够的字节用于传输网的分层管理、性能监控、业务的实时调度、传输带宽的控制、告警的分析定位等,从而导致传输网络的调度性、自愈性、拓扑灵活性差。

2. SDH体系的特点

针对以上PDH传输体系的缺陷,美国贝尔通信研究所首先提出了一整套分等级的标准数字同步光网络(SONET)体系,CCITT(现为ITU-T,国际电信联盟)于1988年接受了SONET概念,进行适当修改后,重命名为同步数字体系(SDH),并发表G.707、G.708和G.709三个标准,使其成为不仅适用于光纤传输,也适用于微波和卫星传输的通用技术体制。

与PDH相比,SDH的优势如下:

(1)具有统一的接口规范。设备接口具有统一的规范,可以使不同厂家的设备互连,体现横向兼容性。SDH体系有一套标准的信息结构等级——同步传递模块STM-N(N=1,4,16,64),各等级传输速率如表5-2所列。SDH信号的线路编码仅对信号进行扰码,不再进行冗余码的插入。扰码的标准是世界统一的,目的是抑制线路码中的长连"0"和长连"1",便于从线路信号中提取时钟信号。

表5-2 SDH体系速率等级

等级	STM-1	STM-4	STM-16	STM-64	STM-256
速率/(Mb/s)	155.520	622.080	2488.320	9953.280	39813.120

ITU-T规定对于任何级别的STM等级,帧频都是8000帧/s,即帧长为恒定的125μs,这与PDH的E1信号帧频相等。由于STM各等级的帧周期相等,因此高一级的STM-N信号总是低一级的STM-N信号速率的4倍,也就是说,STM-4的传输数速等于STM-1信号传输速率的4倍,STM-16的传输数速等于STM-4的4倍,等于STM-1的16倍,依此类推。SDH信号的这种规律性便于高速SDH信号直接分/插出低速SDH信号,而PDH信号则不具备这样的规律性。

(2)采用同步复接方式。低速SDH信号是以字节间插方式复用进高速SDH信号的帧结构中的,低速SDH信号在高速SDH信号的帧中的位置是固定的、有规律性的,因此可以从高速SDH信号(如2.5Gb/s)中直接分/插出低速SDH信号(如155Mb/s),简化信号的复接和分接。另外,由于采用了同步复用方式和灵活的映射结构,可将PDH低速支路信号(如2Mb/s)复用进SDH信号的帧中去(STM-N),PDH低速支路信号在STM-N帧中的位置也是可预见的,因此可以从STM-N信号中直接分/插出低速支路信号(如2Mb/s、34Mb/s或140Mb/s)。SDH的复用映射方式节省了大量的复接/分接设备,增加了可靠性,减少了信号损伤、设备成本、功耗、复杂性等,使业务的上、下更加简便。

(3)安排了丰富的开销字节。SDH 信号的帧结构中安排了丰富的用于运行管理维护(OAM)功能的开销字节,可以很好地满足网络监控和管理的需要,大幅提升设备维护的自动化程度,降低系统的维护费用。

(4)具有很强的兼容性。SDH 基本传输模块(STM-1)可以容纳 PDH 的 3 种数字信号系列和 ATM、FDDI 等其他体制的数字信号,体现了强大的兼容性,也确保了 PDH 网向 SDH 网的顺利过渡。通过复用映射,各种体制的低速信号实现了在 SDH 网络上的传输。

但是,SDH 的优点是以其他方面的牺牲为代价的,主要体现在:

(1)频带利用率低。SDH 信号通过在 STM-*N* 帧中加入大量的用于 OAM 开销字节,使系统可靠性增强。相比 PDH 信号,传输相同的数据量,真正用于传输有效信息的数据比例降低了,也就是可靠性的增强是以有效性的下降为代价的。例如:SDH 的 STM-1 信号可复用进 63 个 2Mb/s 或 3 个 34Mb/s(相当于 48 ×2Mb/s)或 1 个 140Mb/s(相当于 64 ×2Mb/s)的 PDH 信号。只有当 PDH 信号是以 140Mb/s 的信号复用进 STM-1 信号的帧时,STM-1 信号才能容纳 64 ×2Mb/s 的信息量,但此时它的信号速率是 155Mb/s,速率要高于 PDH 同样信息容量的 E4 信号(140Mb/s),也就是说传输的信息容量相同情况下,STM-1 所占用的传输频带要大于 PDH E4 信号的传输频带。

(2)指针调整机理复杂。SDH 体系可从高速信号中直接分插低速信号,省去了多级复用/解复用过程,该功能的实现是通过指针机理来完成的。指针的作用就是时刻指示低速信号的位置,以便在“拆包”时能正确地拆分出所需的低速信号。指针功能的实现增加了系统的复杂性。

(3)软件的大量使用影响系统安全。SDH 网络大量使用软件实现 OAM 的自动化,软件系统易受到计算机病毒的侵害,在网络层上人为的错误操作、软件故障,对系统的影响也是致命的。

尽管 SDH 也存在着缺陷和不足,但相比 PDH 有着明显优势,因此逐步取代 PDH 成为现代传送网的基础。

5.1.2 SDH 帧结构及复用

1. SDH 帧结构

ITU-T 规定了 STM-*N* 的帧是以字节为单位的矩形块状帧结构,如图 5 - 3 所示。这样的帧结构安排便于从高速信号中直接上/下低速支路信号。块状帧如何在信道上传输呢?其实,块状帧只是为了分析的方便,实际信号在线路上还是一个比特一个比特地顺序传输的。SDH 信号帧传输的顺序是:从左到右,从上到下,一个字节一个字节地传输,传完一行再传下一行,传完一帧再传下一帧。

从图 5 - 3 可以看出,STM-*N* 的信号是 9 行 ×270 ×*N* 列的帧结构。此处的 *N* 与 STM-*N* 的 *N* 相一致,取值 1、4、16、64、256。由此可知,STM-1 信号的帧结构是 9 行 ×270 列的块状帧,当 *N* 个 STM-1 信号通过字节间插复用成 STM-*N* 信号时,仅仅是将 STM-1 信号的列按字节间插复用,行数恒定为 9 行。

STM-*N* 的帧结构由三部分组成:信息净负荷(payload);段开销,包括再生段开销(RSOH)和复用段开销(MSOH);管理单元指针(AU-PTR)。

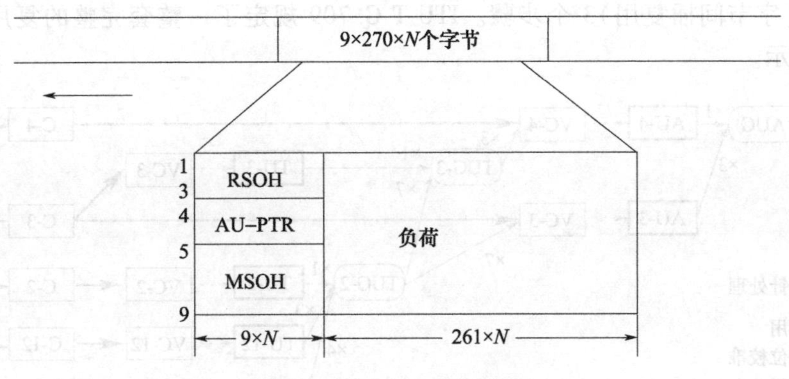

图 5 – 3　STM-N 帧结构图

1)信息净负荷

信息净负荷区是在 STM-N 帧结构中存放将由 STM-N 传送的各种信息码块的地方。该区域位于帧结构的第 10 到 270 列,包括有效信息字节和通道开销(POH)字节。POH 负责对打包的低速信号进行通道性能监视、管理和控制,作为净负荷的一部分与有效信息字节一起传输。

2)段开销

段开销是为了保证信息净负荷正常灵活传送所必须附加的供网络运行、管理和维护(OAM)使用的字节。段开销又分为再生段开销(RSOH)和复用段开销(MSOH),再生段开销在 STM-N 帧中的位置是第 1 到第 3 行的第 1 到第 $9\times N$ 列,共 $3\times9\times N$ 个字节;复用段开销在 STM-N 帧中的位置是第 5 到第 9 行的第 1 到第 $9\times N$ 列,共 $5\times9\times N$ 个字节,二者监管的范围不同。

RSOH、MSOH、POH 提供了对 SDH 信号的层层细化的监控功能。例如 2.5G 系统,RSOH 监控的是整个 STM-16 的信号传输状态;MSOH 监控的是 STM-16 中每一个 STM-1 信号的传输状态;POH 则是监控每一个 STM-1 中每一个打包了的低速支路信号(如 2Mb/s)的传输状态。通过开销的层层监管功能,使用户可以方便地从宏观(整体)和微观(个体)的角度来监控信号的传输状态,便于分析、定位。

3)管理单元指针(AU-PTR)

管理单元指针位于 STM-N 帧中第 4 行的 $9\times N$ 列,共 $9\times N$ 个字节,用来指示信息净负荷的第一个字节在 STM-N 帧内的准确位置的指示符,以便收端能根据这个位置指示符的值(指针值)正确分离信息净负荷。

2. SDH 复用与映射

SDH 的复用包括两种情况:一种是低阶的 SDH 信号复用成高阶 SDH 信号,例如将 STM-1 复用为 STM-4;另一种是 PDH 低速支路信号复用成 SDH 信号,例如将 2Mb/s、34Mb/s 或 140Mb/s 复用成 STM-1。

将低阶的 SDH 信号复用成高阶 SDH 信号,通过字节间插同步复用方式来完成。在进行字节间插复用过程中,各帧的信息净负荷和指针字节按原值进行间插复用,而段开销则会有些变化。

将 PDH 信号复用进 STM-N 信号中相对复杂,要经过映射(信号打包)、定位(指针调整)、复用(字节间插复用)3 个步骤。ITU-T G.709 规定了一整套完整的复用结构,如图 5-4 所示。

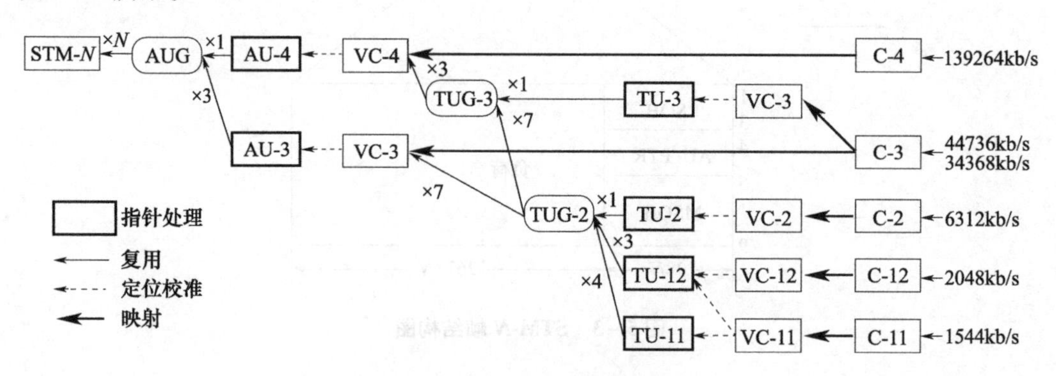

图 5-4 G.709 复用映射结构

下面从右向左依次介绍图 5-4 中各复用单元,复用单元名称右侧编号表示相应的信号级别。

C—容器(container),是用来装载业务信号的信息结构,主要作用是对速率进行调整。参与 SDH 复用的不同速率的 PDH 业务信号首先要装进一个与信号速率级别相对应的标准容器来实现码速调整:2Mb/s 对应容器 C-12、34Mb/s 对应容器 C-3、140Mb/s 对应容器 C-4。

VC—虚容器(virtual container),作用是在 C 容器形成的块状帧前加上一列通道开销(POH)字节,以实现对通道信号的实时监控。虚容器这种信息结构在 SDH 网络传输中具有独立完整性,可以灵活方便地在通道中任一点插入或取出,进行同步复用和交叉连接处理。虚容器是 SDH 中最重要的一种信息结构,由容器到虚容器的过程就是映射。

TU—支路单元(tributary unit),是一种为低阶通道层与高阶通道层提供适配功能的信息结构,由低阶 VC 和附加的 3 个字节的支路单元指针 TU-PTR 组成。TU-PTR 用以指示低阶 VC 的起点在支路单元 TU 中的具体位置,此过程即为定位。

TUG—支路单元组(tributary unit group),由一个或多个 TU 组成。

AU—管理单元(administrative unit),是为高阶通道层和复用段层提供适配功能的信息结构,由高阶 VC 和附加的管理单元指针指针 AU-PTR 组成。

AUG—管理单元组(administrative unit group),由一个或多个 AU 组成。

STM——异步传送模块,将 AU-4 加上相应的 SOH 合成 STM-1 信号,N 个 STM-1 信号通过字节间插复用成 STM-N 信号。

由图可见,从一个有效负荷到 STM-N 的复用路线不是唯一的,例如:2Mb/s 的信号有两条复用路线,一条为 C-12→VC-12→TU-12→TUG-2→TUG-3→VC-4→AU-4→AUG→STM-N,另外一条是 C-12→VC-12→TU-12→TUG-2→VC-3→AU-3→AUG→STM-N。另外,8Mb/s 的 PDH 信号是无法复用成 STM-N 信号的。

一个国家或地区一般选用固定的复用路线,我国的光同步传输网技术体制规定了以 2Mb/s 信号为基础的 PDH 系列作为 SDH 的有效负荷,并选用 AU-4 的复用路线,其结构如图 5-5 所示。

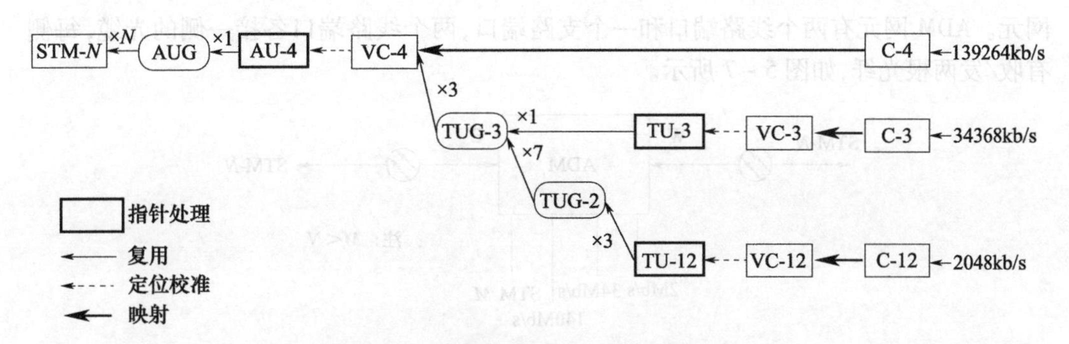

图 5－5　我国的 SDH 基本复用映射结构

140Mb/s 的信号装入 C-4 也就相当于将其打了个包封，使 140Mb/s 信号的速率调整为标准的 C-4 速率。将 PDH 信号经打包成 C，再加上相应的通道开销而形成 VC 这种信息结构，这个过程就称为映射。因此 PDH 各级别速率的信号时也可用相应的信息结构来表示，例如用 VC-12 表示 PDH 的 2Mb/s 信号，VC-3 表示 34Mb/s 信号，VC-4 表示 140Mb/s 信号。

5.1.3　SDH 设备逻辑组成

1. SDH 网元

SDH 传输网是由不同类型的网元通过光缆线路的连接组成的。光纤通信系统中的主要网元有终端复用器（TM）、分/插复用器（ADM）、再生中继器（REG）和数字交叉连接设备（DXC）。

1）终端复用器

终端复用器用在网络的终端站点上，作用是将低速支路信号 PDH、STM-M（$M<N$）交叉复用成高速线路信号 STM-N，或从 STM-N 的信号中分出低速支路信号，如图 5－6 所示。

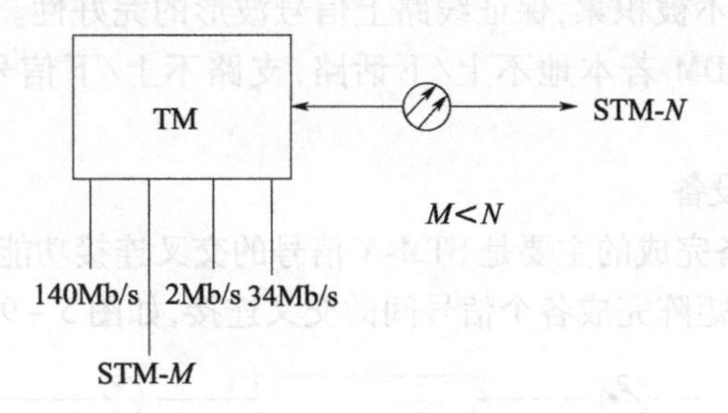

图 5－6　终端复用器

TM 网元的线路端口输入/输出一路 STM-N 信号，而支路端口可以输出/输入多路低速支路信号。TM 网元在将低速支路信号复用进 STM-N 帧时，具有交叉功能。例如，可将支路的一个 STM-1 信号复用进线路上的 STM-16 信号中的任意位置上，也就是说复用可在 1～16 个 STM-1 的任一个位置上。将支路的 2Mb/s 信号可复用到一个 STM-1 中 63 个 VC-12 的任一个位置上。

2）分/插复用器

分/插复用器用于 SDH 传输网络的转接站点处，是 SDH 网上使用最多最重要的一种网元。ADM 网元有两个线路端口和一个支路端口,两个线路端口各接一侧的光缆,每侧有收/发两根光纤,如图 5-7 所示。

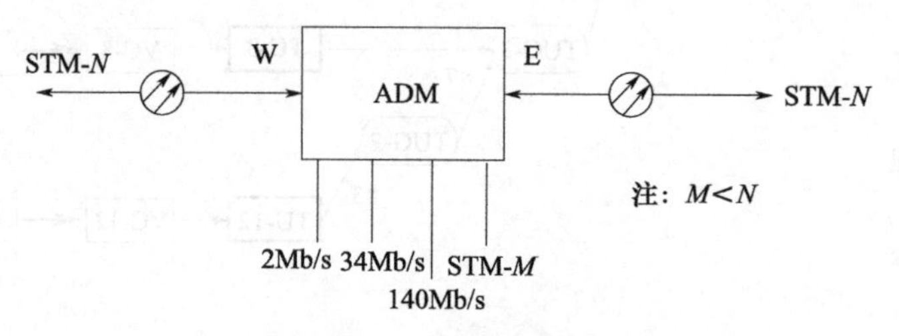

图 5-7 分/插复用器

ADM 的作用是将低速支路信号交叉复用进东(E)或西(W)向线路上去,或从东或西向线路端口收到的线路信号中拆分出低速支路信号。另外,还可将东/西向线路的 STM-N 信号进行交叉连接,例如将东向 STM-16 中的 3#STM-1 与西向 STM-16 中的 15#STM-1 相连接。

ADM 是 SDH 最重要的一种网元,通过它可等效成其他网元,即能完成其他网元的功能,例如一个 ADM 可等效成两个 TM。

3)再生中继器

再生中继器用于中继站点,是双端口器件,如图 5-8 所示。

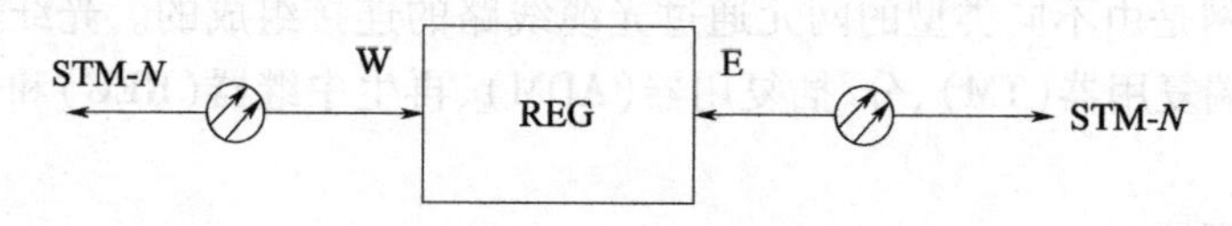

图 5-8 再生中继器

再生中继器的作用是将一侧的光信号经 O/E、抽样、判决、整形再生、E/O 后,再从另一侧发出,使线路噪声不被积累,保证线路上信号波形的完好性。REG 与 ADM 相比,仅少了支路端口,所以 ADM 若本地不上/下话路,支路不上/下信号时,完全可以等效一个 REG。

4)数字交叉连接设备

数字交叉连接设备完成的主要是 STM-N 信号的交叉连接功能,该网元是一个多端口器件,相当于一个交叉矩阵完成各个信号间的交叉连接,如图 5-9 所示。

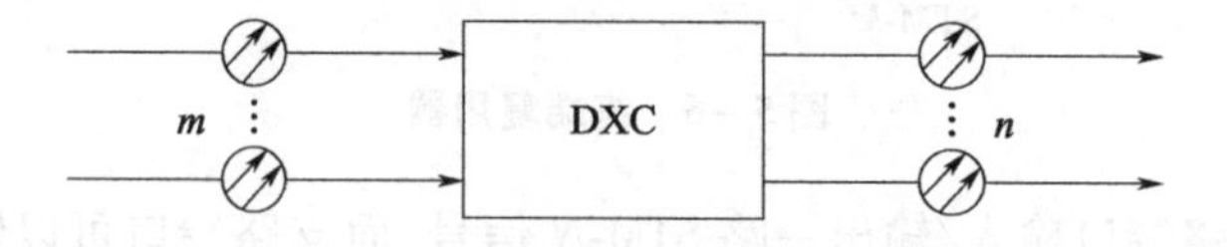

图 5-9 数字交叉连接设备

DXC 可将输入的 m 路 STM-N 信号交叉连接到输出的 n 路 STM-N 信号上,其核心是交叉连接功能。例如,完成高速(如 STM-16)信号在交叉矩阵内的低级别(如 VC-12 级别)交叉。

通常用 DXCm/n($m \geq n$)表示一个 DXC 的类型和性能,其中 m 表示可接入 DXC 的最高速率等级,n 表示在交叉矩阵中能够进行交叉连接的最低速率级别。m 越大,表示

DXC 的承载容量越大，n 越小表示 DXC 的交叉灵活性越强。m 和 n 的相应数值的含义如表 5-3 所列。

表 5-3　m、n 值与速率对应表

m 或 n	0	1	2	3	4	5	6
速率	64kb/s	2Mb/s	8Mb/s	34Mb/s	140Mb/s　150Mb/s	622Mb/s	2.5Gb/s

2. SDH 设备的逻辑功能块

ITU-T 采用功能参考模型的方法对 SDH 设备进行规范，设备功能被分解为各种基本的标准功能块，功能块的实现与设备的物理实现无关，不同的设备由基本功能块灵活组合而成以完成设备不同的功能。通过对基本功能块的标准化来规范设备的标准化，同时也使规范具有普遍性。下面以 TM 设备的典型功能块组成来讲述各个基本功能块的作用。

图 5-10 所示为一个 TM 的功能块组成图，其信号流程是线路上的 STM-N 信号从设备的 A 参考点进入设备，依次经过 A→B→C→D→E→F→G→L→M，拆分成 140Mb/s 的 PDH 信号，或经过 A→B→C→D→E→F→G→H→I→J→K，拆分成 2Mb/s 或 34Mb/s 的 PDH 信号，这里将其定义为设备的收方向。相应的发方向就是沿这两条路径的反方向，将 140Mb/s 和 2Mb/s、34Mb/s 的 PDH 信号复用到线路上的 STM-N 信号帧中。

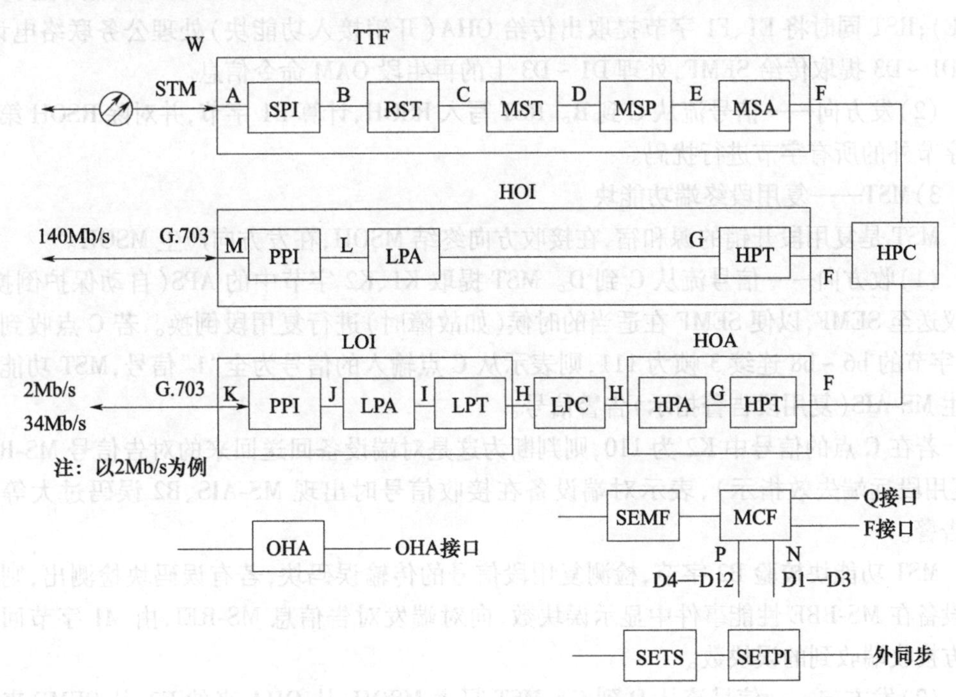

图 5-10　SDH 设备的逻辑功能构成

1）SPI——SDH 物理接口功能块

SPI 是设备和光路的接口，主要完成光/电、电/光变换，提取线路定时，以及相应告警的检测。

（1）收方向——信号流从 A 到 B。首先进行光/电转换，同时提取线路定时信号并将

其传给 SETS 锁相,锁定频率后由 SETS 再将定时信号传给其他功能块,以此作为设备工作的定时时钟。当 A 点的 STM-*N* 信号失效,SPI 会产生 R-LOS(接收信号丢失)告警,并将 R-LOS 状态告知 SEMF(同步设备管理功能块)。

(2)发方向——信号流从 B 到 A。电/光变换,同时定时信息附着在线路信号中,与接收方向的处理过程相反。

2)RST——再生段终端功能块

RST 是 RSOH 开销的源和宿。在发方向,RST 功能块在构成 SDH 帧信号的过程中产生 RSOH;在收方向,终结 RSOH。

(1)收方向——信号流从 B 到 C。STM-*N* 的电信号及定时信号或 R-LOS 告警信号,由 B 点送至 RST。若 RST 收到的是 R-LOS 告警信号,则在 C 点处插入全"1"(AIS)信号。若在 B 点收的是正常信号流,那么 RST 开始搜寻 A1 和 A2 字节进行定帧,帧定位就是不断检测帧信号是否与帧头位置相吻合。若连续 5 帧以上无法正确定位帧头,设备进入帧失步状态,RST 功能块上报接收信号帧失步告警(R-OOF)。在帧失步时,若连续两帧正确定帧,则退出 R-OOF 状态。R-OOF 持续了 3ms 以上,设备进入帧丢失状态,RST 上报 R-LOF(帧丢失告警),并使 C 点处出现全"1"信号。

正确定帧后,RST 对 STM-*N* 帧中除 RSOH 第一行字节外的所有字节进行解扰,解扰后提取 RSOH 并进行处理。RST 校验 B1 字节,若检测出有误码块,则本端产生(RS-BBE);RST 同时将 E1、F1 字节提取出传给 OHA(开销接入功能块)处理公务联络电话;将 D1 ~ D3 提取传给 SEMF,处理 D1 ~ D3 上的再生段 OAM 命令信息。

(2)发方向——信号流从 C 到 B。RST 写入 RSOH,计算 B1 字节,并对除 RSOH 第一行字节外的所有字节进行扰码。

3)MST——复用段终端功能块

MST 是复用段开销的源和宿,在接收方向终结 MSOH,在发方向产生 MSOH。

(1)收方向——信号流从 C 到 D。MST 提取 K1、K2 字节中的 APS(自动保护倒换)协议送至 SEMF,以便 SEMF 在适当的时候(如故障时)进行复用段倒换。若 C 点收到的 K2 字节的 b6 ~ b8 连续 3 帧为 111,则表示从 C 点输入的信号为全"1"信号,MST 功能块产生 MS-AIS(复用段告警指示)告警信号。

若在 C 点的信号中 K2 为 110,则判断为这是对端设备回送回来的对告信号 MS-RDI(复用段远端失效指示),表示对端设备在接收信号时出现 MS-AIS、B2 误码过大等劣化告警。

MST 功能块校验 B2 字节,检测复用段信号的传输误码块,若有误码块检测出,则本端设备在 MS-BBE 性能事件中显示误块数,向对端发对告信息 MS-REI,由 M1 字节回告对方接收端收到的误块数。

(2)发方向——信号流从 D 到 C。MST 写入 MSOH:从 OHA 来的 E2,从 SEMF 来的 D4 ~ D12,从 MSP 来的 K1、K2 写入相应 B2 字节、S1 字节、M1 等字节。若 MST 在收方向检测到 MS-AIS 或 MS-EXC(误码越限告警 MS),那么在发方向上将 K2 字节 b6 ~ b8 设为 110。

4)MSP——复用段保护功能块

MSP 用以在复用段内保护 STM-*N* 信号,防止随路故障。MSP 通过对 STM-*N* 信号的监测、系统状态评价，将故障信道的信号切换到保护信道上去。ITU-T 规定，保护倒换的时间控制在 50ms 以内。复用段倒换的故障条件是 R-LOS、R-LOF、MS-AIS 和MS-EXC，要进行复用段保护倒换，设备必须要有冗余备用的信道。

(1)收方向——信号流从 D 到 E。若 MSP 收到 MST 传来的 MS-AIS 或 SEMF 发来的倒换命令，会进行信息的主备倒换，正常情况下信号流从 D 透明传到 E。

(2)发方向——信号流从 E 到 D。E 点的信号流透明地传至 D，E 点处信号波形同 D 点。

5)MSA——复用段适配功能块

MSA 的功能是处理和产生 AU-PTR，以及组合/分解整个 STM-*N* 帧，即将 AUG 组合/分解为 VC-4。

(1)收方向——信号流从 E 到 F。首先 MSA 对 AUG 进行消间插，将 AUG 分成 *N* 个 AU-4 结构，然后处理这 *N* 个 AU-4 的 AU 指针，若 AU-PTR 的值连续 8 帧为无效指针值或 AU-PTR 连续 8 帧为 NDF 反转，此时 MSA 上相应的 AU-4 产生 AU-LOP 告警，并使信号在 F 点的相应的 VC-4 通道上输出为全“1”。若 MSA 连续 3 帧检测出 H1、H2、H3 字节全为“1”，则认为 E 点输入的为全“1”信号，此时 MSA 使信号在 F 点的相应的VC-4上输出为全“1”，并产生相应 AU-4 的 AU-AIS 告警。

(2)发方向——信号流从 F 到 E。F 点的信号经 MSA 定位和加入标准的 AU-PTR 成为 AU-4，*N* 个 AU-4 经过字节间插复用成 AUG。

6)TTF——传送终端功能块

SPI、RST、MST、MSA 一起构成了复合功能块 TTF，其作用是：在收方向对 STM-*N* 光线路进行光/电变换(SPI)、处理 RSOH(RST)、处理 MSOH(MST)、对复用段信号进行保护(MSP)、对 AUG 消间插并处理指针 AU-PTR，最后输出 *N* 个 VC-4 信号；发方向与此过程相反，进入 TTF 的是 VC-4 信号，从 TTF 输出的是 STM-*N* 的光信号。

7)HPC——高阶通道连接功能块

HPC 实际上相当于一个交叉矩阵，完成对高阶通道 VC-4 交叉连接的功能。除了信号的交叉连接外，信号流在 HPC 中是透明传输的，所以 HPC 的两端都用 F 点表示。HPC 是实现高阶通道 DXC 和 ADM 的关键，其交叉连接功能仅指选择或改变 VC4 的路由，不对信号进行处理。一种 SDH 设备功能的强大与否主要是由其交叉能力决定的，而交叉能力又是由交叉连接功能块即高阶 HPC、低阶 LPC 来决定的。

8)HPT——高阶通道终端功能块

从 HPC 中出来的信号分成了两种路由，一种进 HOI 复合功能块，输出 140Mb/s 的 PDH 信号；一种进 HOA 复合功能块，再经 LOI 复合功能块，最终输出 2Mb/s 的 PDH 信号。不管走哪一种路由，都要先经过 HPT 功能块。HPT 是高阶通道开销的源和宿，形成和终结高阶虚容器。

9)LPA——低阶通道适配功能块

LPA 的作用是通过映射将 PDH 信号适配进 C，或把 C 信号去映射成 PDH 信号。

10)PPI——PDH 物理接口功能块

PPI 的功能是作为 PDH 设备和携带支路信号的物理传输媒质的接口，主要功能是进行码型变换和支路定时信号的提取。

(1)收方向——信号流从L到M。将设备内部码转换成便于支路传输的PDH线路码型,如HDB3(2Mb/s、34Mb/s)、CMI(140Mb/s)。

(2)发方向——信号流从M到L。将PDH线路码转换成便于设备处理的NRZ码,同时提取支路信号的时钟,将其送给SETS锁相,锁相后的时钟由SETS送给各功能块作为它们的工作时钟。当PPI检测到无输入信号时,会产生支路信号丢失告警T-ALOS(2Mb/s)或EXLOS(34Mb/s、140Mb/s),表示设备支路输入信号丢失。

11)HOI——高阶接口

HOI复合功能块由HPT、LPA和PPI三个基本功能块组成,其功能是将140Mb/s的PDH信号复用进C-4,再映射到VC-4,或反之。

12)HPA——高阶通道适配功能块

G点处的信号实际上是由TUG-3通过字节间插而成的C-4信号,而TUG-3又是由TUG-2通过字节间插复合而成的,TUG-2又是由TU-12复合而成,TU-12由VC-12+TU-PTR组成。

HPA的作用与MSA相类似,只不过是通过通道级的处理来产生TU-PTR,将C-4这种信息结构拆分成TU-12。

(1)收方向——信号流从G到H。先将C-4进行消间插成63个TU-12,然后处理TU-PTR,进行VC-12在TU-12中的定位、分离,从H点流出的信号是63个VC-12信号。

(2)发方向——信号流从H到G。HPA先对输入的VC12进行标准定位,加上TU-PTR,然后将63个TU-12字节间插复用:TUG-2→TUG-3→C-4。

13)HOA——高阶组装器

高阶组装器的作用是将2Mb/s和34Mb/s的POH信号通过映射、定位、复用,装入C-4帧中,或从C-4中拆分出2Mb/s和34Mb/s的信号。

14)LPC——低阶通道连接功能块

与HPC类似,LPC也是一个交叉连接矩阵,用于完成对低阶VC(VC-12/VC-3)交叉连接的功能,可实现低阶VC之间灵活的分配和连接。

一个设备若要具有全级别交叉能力,就一定要包括HPC和LPC。例如DXC4/1能完成VC-4级别的交叉连接和VC-3、VC-12级别的交叉连接,也就是说DXC4/1必须要包括HPC功能块和LPC功能块。信号流在LPC功能块处是透明传输的,所以LPC两端参考点都为H。

15)LPT——低阶通道终端功能块

LPT是低阶POH的源和宿,对VC-12而言就是处理和产生V-5、J-2、N-2、K-4四个POH字节。

16)LOI——低阶接口功能块

LOI主要完成将VC-12信号拆包成PDH 2Mb/s的信号(收方向),或将PDH的2Mb/s信号打包成VC-12信号(发方向),同时完成设备和线路的接口码型变换功能。其中LPA是将PDH信号2Mb/s装入/拆出C-12容器,相当于将货物打包/拆包的过程,此时J点的信号实际上已是PDH的2Mb/s信号。

以上为组成设备的基本功能块,通过它们的灵活组合可构成不同的设备,例如组成

REG、TM、ADM 和 DXC，并完成相应的功能。设备包括一些辅助功能块，如 SEMF、MCF、OHA、SETS、SETPI。

5.1.4　SDH 自愈保护

在 SDH 原理中强大的自愈功能是 SDH 的一大优势，有了自愈功能 SDH 传输网可以及时准确地传递信息。即使网络出现故障，也可以保证其电路畅通，减少业务中断率的发生。因此，网络的自愈能力是至关重要的。

1. 自愈保护的基本概念

自愈是指在网络发生故障时，无需人为干预，网络自动地在极短的时间内（规定为 50ms 以内或是 2s 这两个门限值），使业务自动从故障中恢复传输，使用户几乎感觉不到网络出了故障。其基本原理是当工作路由出现故障时，自动切换到保护路由，重新建立业务连接关系，保证业务接续性，从而起到自愈保护作用。替代路由可采用备用设备或利用现有设备中的冗余能力，以满足全部或指定优先级业务的恢复。

2. 自愈保护的分类

按网络拓扑结构，自愈保护有链形网络业务保护和环形网络业务保护两种方式。

1）链形网络业务保护方式

（1）1 +1 通道保护链。此通道保护采用并发优收的原则，当光板报 LOS，支路板报 AU4-AIS、TU12-AIS 告警时，作为此保护方式的倒换依据，由收端支路检测告警，收端支路板完成倒换。发送时，信号同时在工作通道和保护通道发送，接收时，由支路选择优质信号进行接收。此保护的特点是同一支路不同光路，比较浪费资源，但不需要 APS 协议，倒换时间不超过 10ms。

（2）1 +1 复用段保护链。此保护方式业务信号发送时同时跨接在工作通路和保护通路，由光板检测信号，检测到 LOS、LOF、MS-AIS、B2、EXC 时则切换到保护通路接收业务信号，倒换由交叉板来完成，将光板检测告警传递给交叉板触发倒换，是一种与业务不相关的双端倒换，通过 APS 协议完成。

（3）1 : 1 复用段保护链。此保护对于业务来说准备两条通道，一条是正常的工作通道，另一条为保护通道。与 1 +1 复用段保护链不同，此保护通道可以在备用的情况下传递非重要电路，当工作通道出现故障时，将保护通道的额外业务舍弃，将主要业务工作于保护通道中从而达到保护作用。此保护特点是利用 APS 协议与切换操作来完成保护，电路的利用率较高。

2）环形网络业务保护方式

（1）二纤单向通道保护。图 5 -11（a）中，S 为工作光纤，P 为保护光纤。某业务由 A 点到 C 点。发送时的工作路由 A—B—C，通过 S1 光纤进行传递，保护路由 A—D—C，通过 P1 光纤进行传递；接收时，它的工作路由是 C—D—A，通过 S1 光纤进行传递，其保护路由为 C—B—A。当 B 点与 C 点之间光缆中断时，如图 5 -11（b），A 点到 C 点的业务，由 A—B—C 在 S1 上传递，倒换经由 A—D—C 的 P1 上进行传递，从而起到了光缆中断而业务未中断的目的。

二纤单向通道倒换环采用了并发优收保护机理，其优点是实现简单，倒换时间快，不需 APS 协议，环上节点数无限制，缺点是时隙不可重复利用，环容量小，不能传递额外业务。

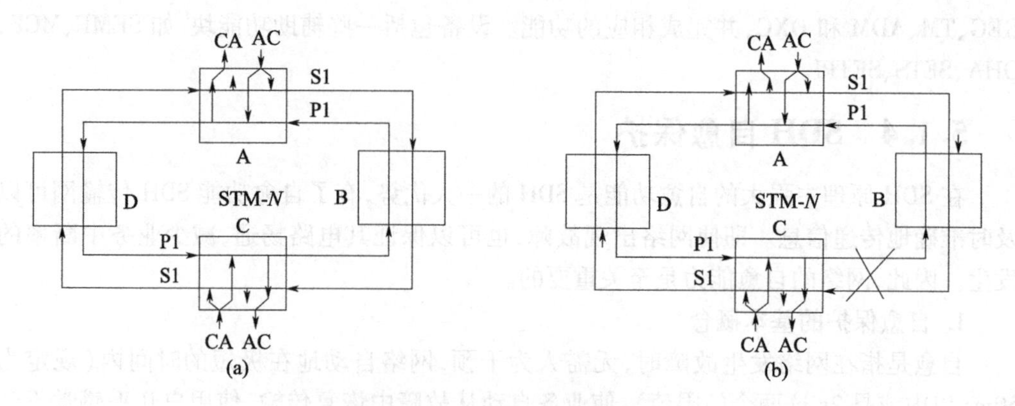

图 5-11 二纤单向通道倒换环

(2)二纤双向复用段保护环。在图 5-12(a)中,S1、S2 为正常情况下业务所经过的路径,P1、P2 指保护倒换后业务所经过的路径。其工作原理是:S1/P2 与 S2/P1 的一半时隙用于传业务信号,另一半留给保护信号,以 STM-16 为例,光纤的前一半时隙为工作通道,即前 1~8 个 AU-4,后一半时隙为保护通道,即第 9~16 个 AU-4,若一业务从 A—C 点,原工作径路是 A—B—C,当 B 点与 C 点之间光缆中断时,如图 5-12(b)所示,B 点与 C 点两个网元启用 APS 协议,发生倒换,中间网元业务穿通,即 B 点把 AC 业务从 S1 通道交叉到 P1 通路,A 点到 C 点的传输路由为 A—B—A—D—C,C 点到 A 点的传输路由则为 C—D—A—B—A。

二纤双向复用段保护环的优点是采用时隙保护,能重复使用节点之间的时隙,大大增加了整个环的传输容量,二纤双向复用段保护环在现有通信组网中经常被使用,缺点是由于启用 APS 协议,需要执行交叉连接功能,倒换时间较长,环上节点数不能超过 16 个,环传输容量为 $1/2 \times \text{STM}-N$。

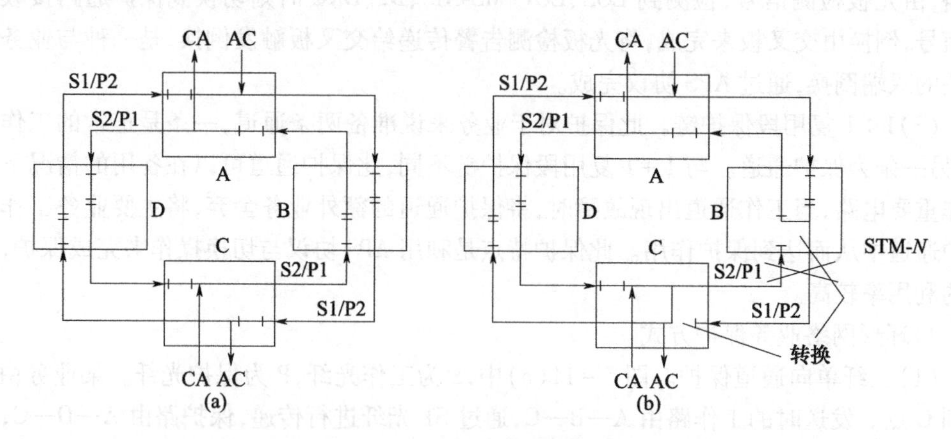

图 5-12 二纤双向复用段保护环

(3)四纤双向复用段保护环。四纤双向复用段保护环与二纤双向复用段保护环保护机理相同,只是四纤双向复用段保护环工作通道与保护通道分别工作于独立的光纤上。如图 5-13(a)所示,工作通道 S1、S2 一发一收,保护通道 P1、P2 一发一收,共工作于 4 条光纤之上,保护光纤上的通道是空闲的,随时等待倒换到此电路。某业务从 A 点到 C 点,工作通道在 S1 光纤上由 A—B—C 发送,再在 S2 光纤上由 C—B—A 接收。当 B、C 两点光缆全部中断时,AC 业务从 S1 切换到 P1,路由业务为 A—B—A—D—C,CA 业务从 S2 切换到 P2,路由为 C—D—A—B—A,从而实现保护倒换功能。

四纤双向复用段保护环的优点是能重复使用节点间时隙,增加了整个环的传输容量,缺点是倒换速度较慢,对设备要求较高。

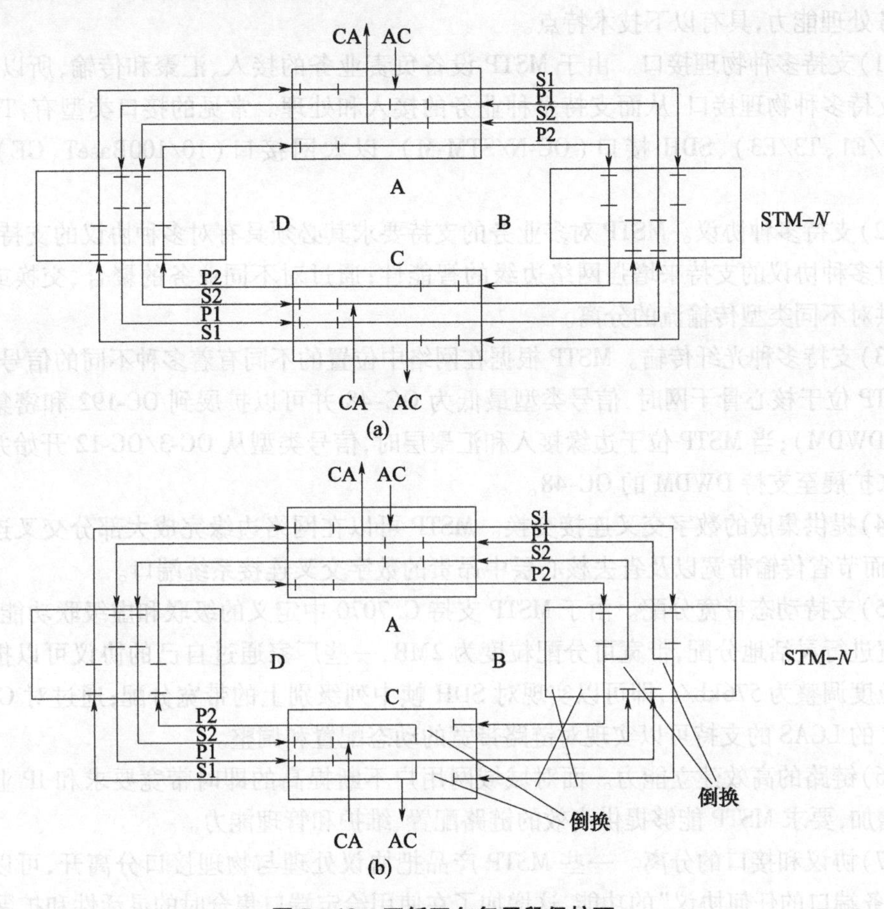

图 5-13 四纤双向复用段保护环

SDH 自愈环在 SDH 组网中起到重要的作用,本节介绍的多个业务保护方式,均在 SDH 网络日常维护中得到广泛的应用。其中二纤双向复用段保护环比较多见,它不仅可以节省资源,降低网运成本,当故障发生时,还可以有效地抑制业务中断的发生。

5.2 MSTP 技术

由于传统的 SDH 技术主要为语音业务传送设计,虽然也可以传输几乎所有数据格式(IP、ATM 等),但存在传送突发数据业务效率低下、保护带宽至少占用 50% 的资源、传输通道不能共享等问题,导致资源利用率低。由此,多业务传送平台(MSTP)技术应运而生,其实现原理是依托原有 SDH 技术平台,对数据和其他新型业务进行功能拓展,并对网络业务支撑层加以改造,达到适应多业务应用的目的,实现对数据的智能支持,解决了对数据等多种业务的承载问题,由此完成由语音到综合承载的转变。

1. MSTP技术简介

MSTP是基于SDH的多业务传输平台,是SDH的升级版。MSTP为了适应逐步增加的数据业务的需求,在原有的SDH传输平台上,提供了TDM、ATM和Ethernet接口,以完成数据业务的透传功能。MSTP除继承了SDH技术的诸多功能外,还在原SDH上增加了多业务处理能力,具有以下技术特点。

(1)支持多种物理接口。由于MSTP设备负责业务的接入、汇聚和传输,所以MSTP必须支持多种物理接口,从而支持多种业务的接入和处理。常见的接口类型有:TDM接口(T1/E1、T3/E3)、SDH接口(OC-N/STM-M)、以太网接口(10/100BaseT、GE)、POS接口。

(2)支持多种协议。MSTP对多业务的支持要求其必须具有对多种协议的支持能力,通过对多种协议的支持来增强网络边缘的智能性;通过对不同业务的聚合、交换或路由来提供对不同类型传输流的分离。

(3)支持多种光纤传输。MSTP根据在网络中位置的不同有着多种不同的信号类型,当MSTP位于核心骨干网时,信号类型最低为OC-48并可以扩展到OC-192和密集波分复用(DWDM);当MSTP位于边缘接入和汇聚层时,信号类型从OC-3/OC-12开始并可以在将来扩展至支持DWDM的OC-48。

(4)提供集成的数字交叉连接交换。MSTP可以在网络边缘完成大部分交叉连接功能,从而节省传输带宽以及省去核心层中昂贵的数字交叉连接系统端口。

(5)支持动态带宽分配。由于MSTP支持G.7070中定义的级联和虚级联功能,可以对带宽进行灵活地分配,带宽可分配粒度为2MB,一些厂家通过自己的协议可以把带宽分配粒度调整为576kb/s,即可以实现对SDH帧中列级别上的带宽分配;通过对G.7042中定义的LCAS的支持可以实现对链路带宽的动态配置和调整。

(6)链路的高效建立能力。面对城域网用户不断提高的即时带宽要求和IP业务流量的增加,要求MSTP能够提供高效的链路配置、维护和管理能力。

(7)协议和接口的分离。一些MSTP产品把协议处理与物理接口分离开,可以提供“到任务端口的任何协议”的功能,这增加了在使用给定端口集合时的灵活性和扩展性。

(8)提供综合网络管理功能。MSTP提供对不同协议层的综合管理,便于网络的维护和管理。

2. MSTP技术的功能块模型

基于SDH技术的MSTP设备,在具备SDH处理功能的同时,应具有ATM业务处理和以太网/IP业务处理的功能,MSTP设备的整体功能模块如图5-14所示。

MSTP设备是由ATM业务处理模块、以太网业务处理模块等多业务处理模块和SDH设备构成。其模块端口分为两个端口,即系统端口和用户端口。其中系统端口与SDH设备内部的电接口连接,用户端口与PDH接口、SDH接口、ATM接口、以太网接口连接。其主要采用的技术为级联、LAPS封装等,提供了强大的以太网二层交换能力和ATM的交换功能,通过划分VLAN实现用户的有效安全隔离;引入了GFP封装机制、LCAS链路容量动态调整和虚级联技术,使得MSTP对数据业务的支持能力进一步加强,同时也在MSTP中内嵌RPR(弹性分组环)技术,引入了带宽统计复用功能,提高了环路利用率。

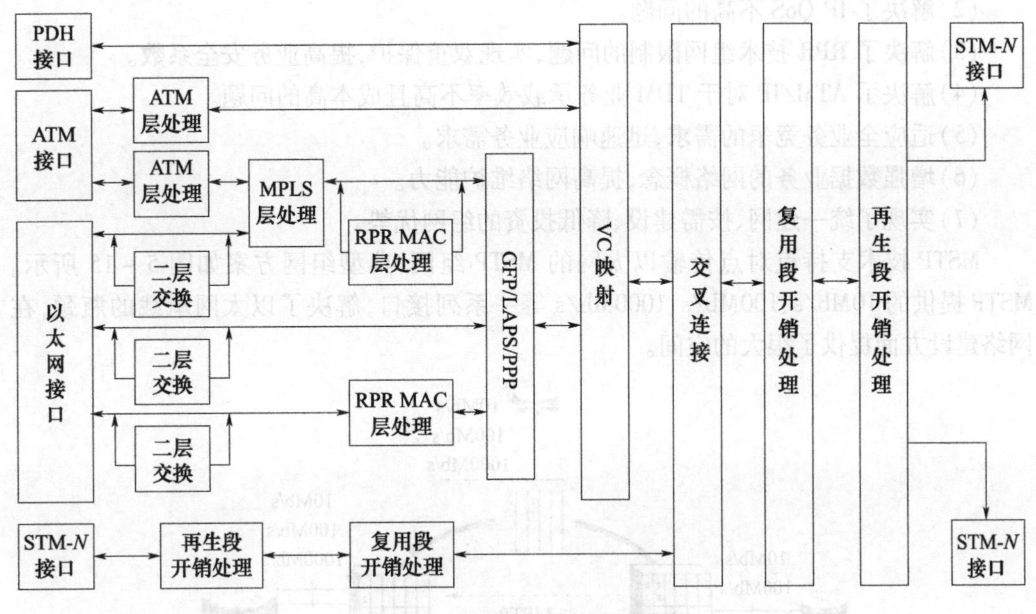

图 5-14　MSTP 设备功能模块

3. MSTP 优点

(1)可灵活配置业务的带宽。MSTP 提供 10/100/1000Mb/s 系列接口,通过 VC 的捆绑可以满足各种用户的需求。

(2)可根据业务需求,工作在 VLAN 方式或端口组方式。其中,VLAN 方式可以分为干线模式和接入模式。在端口组方式中,单板上全部的系统和用户端口均在一个端口组内,这种方式只能应用于点对点的业务。换句话说,任何一个系统端口和用户端口被启用了,网线插在任何一个被启用的用户端口上,该用户端口就享有了全部带宽,业务就可以实现开通。

(3)对每个客户独立运行生成树协议。

(4)可以在全双工、半双工和自适应等模式下工作,灵活性较高,且具备 MAC 地址自学习功能。

(5)QoS 设置。当一个端口可能发送来自多个来源的业务,而且总的流量可能超过发送端口的发送带宽时,可以设置端口的 QoS,并相应地设置各种业务的优先级配置。当 QoS 不做配置时,带宽平均分配,多个来源的业务最大限度地传输。

(6)在城域汇聚层,实现企业网络边缘节点到中心节点的业务汇聚,具有端口种类多、端口数量多、节点多和用户链接分散等一系列特点

利用 MSTP 组网,可以将 IP 路由设备多种速率业务直接接入或汇聚。支持业务汇聚调度、综合承载,生存性好。在实际应用中,可以根据网络需求容量的不同,选择不同速率等级的 MSTP 设备。

4. MSTP 技术的应用

MSTP 技术在现有城域传输网络中得到了广泛性的应用,与其他技术相比,MSTP 技术解决了以下问题:

(1)解决了 SDH 技术对数据业务承载效率低的问题。

(2)解决了 IP QoS 不高的问题。

(3)解决了 RPR 技术组网限制的问题,实现双重保护,提高业务安全系数。

(4)解决了 ATM/IP 对于 TDM 业务承载效率不高且成本高的问题。

(5)适应全业务竞争的需求,迅速响应业务需求。

(6)增强数据业务的网络概念,提高网络维护能力。

(7)实现了统一建网、按需建设、降低投资的组网优势。

MSTP 技术支持点对点传输以太网的 MSTP 组网,典型组网方案如图 5-15 所示。MSTP 提供的 10Mb/s、100Mb/s、1000Mb/s 等一系列接口,解决了以太网承载的瓶颈,在网络建设方面提供了很大的空间。

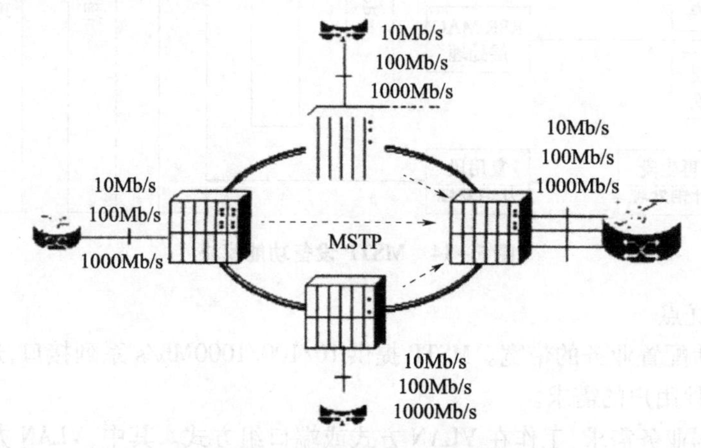

图 5-15 点对点传输以太网的 MSTP 组网

MSTP 技术支持 ATM 业务高效复用,利用现有的城域网中的 ATM 交换机或专门的 ATM 集中器复用 ATM 码流。因城域传送网中对 ATM 业务采用的是透明传输,通过城域网在局端汇聚 ATM 业务,往往把 ATM 集中器的统计复用和汇聚功能放在城域传送网的每一个节点进行处理。

5.3 DWDM 技术

为了满足多种业务(会议电视、高清晰度电视等)对传输容量、网络交互性和灵活性的要求,在光纤传输网上出现了多种复用技术扩大容量,其中一种得到广泛应用的扩容方法就是光波分复用(WDM),即将多个不同光波长的光纤通信系统合在一根光纤中传输,这些不同波长的光信号所承载的可以是不同格式、不同速率或不同种类的信号,大大提升了信息传输容量。

1. DWDM 技术简介

把不同波长的光信号复用到一根光纤中进行传送(如每个波承载一种 TDM 电信号)的方式统称为波分复用。波分复用可细分为波分复用(WDM)、粗波分复用(CWDM)和密集波分复用(DWDM)。DWDM 是利用单模光纤的带宽以及低损耗的特性采用多个波长的光作为载波,允许各载波信道在光纤内同时传输。与通用的单信道系统相比,DWDM 不仅极大地提高了网络系统的通信容量,充分利用了光纤的带宽,而且具有扩容简单和性能可靠等诸多优点。

DWDM 技术是指同一窗口相邻波长间隔较小(一般为1.6nm、0.8nm或更低)的WDM技术。DWDM的工作波长位于1550nm窗口,且工作在一个窗口内共享一个掺铒光纤功率放大器,可以在一根光纤上承载多达160个波长。DWDM主要应用于大容量、长距离传输系统。

1550nm窗口的工作波长分为3个部分,即S波段、C波段和L波段。其中1525~1565nm为C波段,1565~1625nm为L波段,1460~1525nm为S波段,C波段是目前应用较为广泛的波段。一般系统应用时所用的信道波长是等间隔的,即 $k\times0.8$nm,k 取正整数。目前,DWDM系统支持的速率如表5-4所列。

表5-4 DWDM系统的速率

序号	波数	速率	容量	序号	波数	速率	容量
1	4	4×2.5Gb/s	10Gb/s	5	40	40×2.5Gb/s	100Gb/s
2	8	8×2.5Gb/s	20Gb/s	6	128	128×2.5Gb/s	200Gb/s
3	16	16×2.5Gb/s	40Gb/s	7	160	160×2.5Gb/s	400Gb/s
4	32	32×2.5Gb/s	80Gb/s				

在模拟载波通信系统中,为了充分利用电缆的带宽资源,提高系统的传输容量,通常利用频分复用的方法,即在同一根电缆中同时传输若干个信道的信号,接收端根据各载波频率的不同利用带通滤波器滤出每一个信道的信号。

同样,在光纤通信系统中也可以采用光的频分复用的方法来提高系统的传输容量。而且这样的复用方法在光纤通信系统中是非常有效的。与模拟的载波通信系统中的频分复用不同的是,在光纤通信系统中是用光波作为信号的载波,根据每一个信道光波的频率(或者波长)不同将光纤的低损耗窗口划分成若干个信道,从而在一根光纤中实现多路光信号的复用传输。

系统的构成及频谱如图5-16所示。发送端的光发射机发出波长不同而精度和稳定度满足一定要求的光信号,经过光波长复用器复用在一起送入掺铒光纤功率放大器(掺铒光纤功率放大器主要用来弥补合波器引起的功率损失和提高光信号的发送功率),

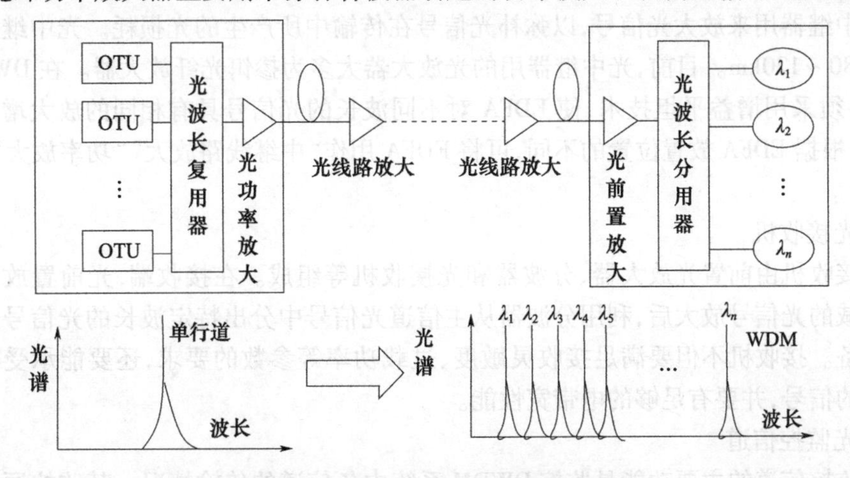

图5-16 DWDM系统的构成及频谱

再将放大后的多路光信号送入光纤传输，传输过程中可以根据情况选用光线路放大器，到达接收端经光前置放大器（主要用于提高接收灵敏度，以便延长传输距离）放大以后，送入光波长分波器分解出原来的各路光信号。

2. DWDM 系统模型

一般来说，DWDM 系统主要由光发射机、光接收机、光中继放大、光监控信道和网络管理系统等 5 个部分组成，如图 5－17 所示。

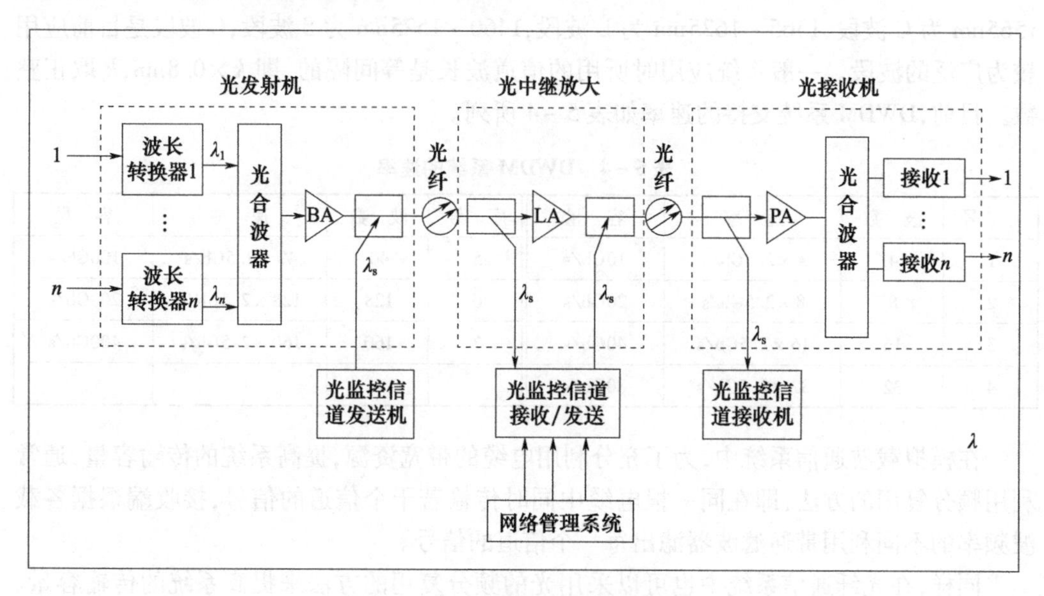

图 5－17　DWDM 系统结构图

1）光发射机

光发射机是 DWDM 系统的核心，它由光波长转换器、合波器和光功率放大器等组成。在发送端，光波长转换器首先将 SDH 设备送来的非特定波长的光信号转换成符合 G.652 标准的特定波长的光信号，合波器把多个不同波长的光信号合并为一路，然后通过光功率放大器放大输出，注入光纤线路。

2）光中继器

光中继器用来放大光信号，以弥补光信号在传输中所产生的光损耗。光中继器距离一般为 80～120km。目前，光中继器用的光放大器大多为掺铒光纤放大器。在 DWDM 系统中，必须采用增益平坦技术，使 EDFA 对不同波长的光信号具有相同的放大增益。在应用时，根据 EDFA 放置位置的不同，可将 EDFA 用作"中继线路放大""功率放大"和"前置放大"。

3）光接收机

光接收机由前置光放大器、分波器和光接收机等组成。在接收端，光前置放大器对传输衰减的光信号放大后，利用分波器从主信道光信号中分出特定波长的光信号送往各终端设备。接收机不但要满足接收灵敏度、过载功率等参数的要求，还要能承受有一定光噪声的信号，并要有足够的电带宽性能。

4）光监控信道

光监控信道的主要功能是监控 DWDM 系统内各信道的传输情况。其监控原理是在发送端将波长为λ_s(1510nm)的光监控信号通过合波器插入主信道中,在接收端,通过分波器将光监控信号λ_s(1510nm)从主信道中分离出来。

5)网络管理系统

网络管理系统通过光监控信道物理层传送开销字节到其他节点或接收来自其他节点的开销字节对DWDM系统进行管理,实现配置管理、故障管理、性能管理及安全管理等功能,并与上层管理相连。

3. DWDM优点

从目前来看,DWDM技术之所以在近几年得到迅速发展,是因为它具有下述优点:

(1)超大容量传输。目前使用的普遍光纤可传输的带宽是很宽的,但其利用率还很低。使用DWDM技术可以使一根光纤的传输容量比单波长传输容量增加几倍、几十倍乃至几百倍,因此节省了光纤资源。

(2)数据透明传输。由于DWDM系统按不同的光波长进行复用和解复用,而与信号的速率和电调制方式无关,即对数据是"透明"的。因此可以传输特性完全不同的信号,完成各种电信号的组合和分离,包括数字信号和模拟信号的组合和分离。

(3)超长距离传输。EDFA具有高增益、宽带宽、低噪声等优点,在光纤通信中得到了广泛的应用。EDFA的光放大范围为1530~1565nm,但其增益曲线比较平坦的部分是1540~1560nm,几乎可以覆盖整个DWDM系统的1550nm工作波长范围。所以,用一个带宽很宽的EDFA就可以对EDFA系统的各复用光通路的信号同时进行放大,以实现系统的超长距离传输,避免每个光传输系统都需要一个光放大器的情况。DWDM系统的超长传输距离可达到数百千米,因此可以节约大量中继设备,降低成本。

(4)节约光纤资源。对于单波长系统而言,1个SDH就需要一对光纤,而对于DWDM系统来讲,不管有多少个SDH分系统,整个复用系统只需要一对光纤就够了。

(5)可构成全光网络。可以预见,在未来可望实现的全光网络中,各种电信业务的上下、交叉连接等,都是在光层上通过对光信号波长的改变和调整来实现的。因此,DWDM技术将是实现全光网络的关键技术之一,而且DWDM系统能与未来的全光网兼容,将来可能会在已经建成的DWDM网络的基础上实现透明的、具有高度生存性的全光网络。

由DWDM技术的特点可以看出,DWDM技术是对网络的扩容升级、发展带宽业务、充分挖掘光纤带宽潜力、实现超高速通信等具有十分重要的意义,尤其是DWDM加上掺饵光纤功率放大器更是对现代通信网络具有强大的吸引力。

4. DWDM技术的应用

DWDM系统由于通信容量大,广泛用于骨干网和汇聚网中。利用较大通信局站作为波分系统设置站点,在距离满足设计要求的前提下,利用骨干光缆资源,搭建DWDM系统。

图5-18所示为某实际线路的DWDM系统,主要使用3波或者4波,减少光纤线缆,节约了光纤资源,速率也提高到10Gb/s和2.5Gb/s,该DWDM系统是在原有的SDH系统的基础上建成的,远远超过了过去传统的SDH系统和PDH系统。

通常情况下,由于DWDM系统承载的业务量很大,因此安全性特别重要。DWDM网络主要有两种保护方式,一种是基于光通道的1+1或1:n的保护,另一种是基于光纤线路的保护。

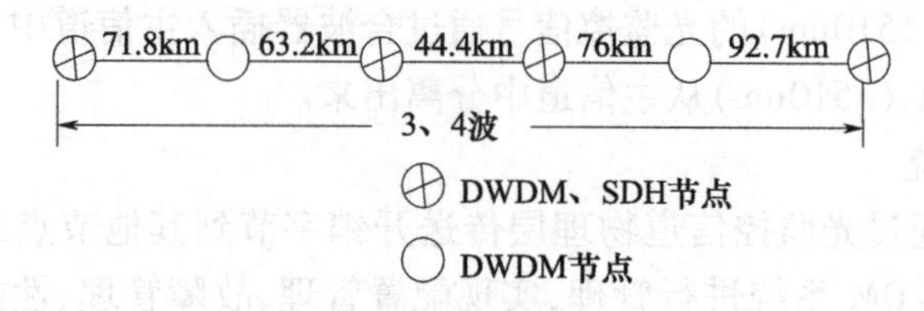

图5-18 某线路DWDM系统

DWDM具有良好的兼容性,可完全兼容既有SDH、PDH。开放的DWDM采用了灵活的组网方式,使网络结构及设备大大简化,降低了联网成本。DWDM不仅解决了容量问题,而且加速了各种新业务的发展。

5.4 OTN技术

SDH的最大优点是具有丰富的网络保护和管理功能,它最初主要是为了语音业务而设计的,后来随着IP业务的增多,产业界把SDH升级为MSTP,开始支持多种业务的传送。SDH主要以电层处理为主,不符合未来全光网络的发展趋势,从本质上讲依然是时分复用的网络,对IP业务的支持有限,另外SDH继续提速越来越困难,无法满足业务流量高速增长的需要。

WDM网络的最大优点是极大地提升了单芯传输速率,但是缺点也很显著,如缺乏QoS保障、OAM和灵活调度能力等。为了克服WDM网络的缺点,产业界提出了OTN(optical transport network,光传送网)技术标准。OTN以波分复用技术为基础,继承了SDH交叉调度等功能,涵盖光电两层网络,将SDH和WDM优势融合并优化,在业务接口上,OTN具备了全业务处理能力。总体来说是基于DWDM并在此基础上进一步融合复用、管理、路由、监控和保护等功能形成的传送标准。

1. OTN技术简介

OTN技术是电网络与全光网折中的产物,将SDH强大完善的OAM&P理念和功能移植到了WDM光网络中,有效地弥补了现有WDM系统在性能监控和维护管理方面的不足。OTN技术可以支持信号的透明传送、高带宽的复用交换和配置(最小交叉颗粒为ODU1,约为2.5Gb/s),具有强大的开销支持能力,提供强大的OAM功能,支持多层嵌套的串联连接监视(TCM)功能,具有前向纠错(FEC)支持能力。

相比较于SDH和WDM,OTN具有以下优点:

(1)多种客户信号封装和透明传输。基于ITU-TG.709的OTN帧结构可以支持多种客户信号的映射和透明传输,如SDH、ATM、以太网等。

(2)大颗粒的带宽复用、交叉和配置。OTN目前定义的电层带宽颗粒为光通路数据单元,光层的带宽颗粒为波长,其复用、交叉和配置的颗粒明显要大很多,对高宽带数据客户业务的适配和传送效率有显著提升。

(3)强大的开销和维护管理能力。OTN提供了和SDH类似的开销管理能力,光通路层的OTN帧结构大大增强了OCh层的数字监视能力。OTN还提供层嵌套串联连接监视(TCM)功能,使得OTN组网时,采用端到端和多个分段同时进行性能监视的方式成为可能。

(4)增强了组网和保护能力。通过 OTN 帧结构、ODUk 交叉和多维度可重构光分插复用器(ROADM)的引入,大大增强了光传送网的组网能力,改变了目前基于 SDHVC-12/VC-4 调度带宽和 WDM 点到点提供大容量传送带宽的现状。

OTN、SDH 和 WDM 技术体系对比如表 5-5 所列。

表 5-5　OTN、SDH、WDM 技术体系对比

技术体系	OTN	SDH	WDM
分层结构	ODUk(电通道段)、OTUk(电复用段)、OCh(光信道)、OMS(光复用段)、OTS(光传送段)	光信道段、光复用段、光再生段	光信道段、光复用段、光传送段
复用及映射	OPU1、OPU2、OPU3 及其映射复用关系,OTN 中进入 OPU 的可能是 STM-16、STM-64、吉比特以太网等	VC-12、VC-3、VC-4 等不同速率的虚容器及其复用映射关系,SDH 中进入虚容器的是 PDH 或者是低速率的以太网信号等	
开销字节	GCC0 ~ GCC2	D1 ~ D12	
	APS/PCC	K1、K2	
	FAS	A1、A2	
	SM、PM	J0、BIP-8	
	PSI	C2	
	TCM1 ~ 6	N1	
光监控通路	OSC,1510nm		OSC,1510nm
生存性技术	基于光通道的 1+1 和 1:n 保护		
	基于 ODUk 的 1+1 保护和 1:n 保护	通道保护环,1+1 和 1:n 保护	
	基于 ODUk 的环网保护	复用段保护环	
	基于光通道的环网保护		
	传统光层保护(OCP/OLP/OMSP)		传统光层保护(OCP/OLP/OMSP)
其他技术	FEC、掺铒光纤放大技术、拉曼放大技术等		FEC、掺铒光纤放大技术、拉曼放大技术等

2. OTN 光网络模型

OTN 的光网络模型和波分复用网络是相同的,也包括 OTU 转发、OM/OD 复用和解复用、OA 光放大 3 类主要单元。

其中,各光网络单元之间的光链路称为 OTS(光传送段);光(解)复用器和交叉设备之间的链路称为 OMS(光复用段);OUT 单元之间的光链路称为 OCh(光信道)。OTS、OMS 和 OCh 与光域的 3 个子层相对应。

在 OTS、OMS 和 OCh 三种传送链路中,OTS 是最短的,负责管理光部件之间的光纤

链路。OMS 管理光(解)复用器和交叉设备之间的链路,所以 OMS 一般开始于 OM 器件,终止于光分插复用设备(OADM)或者光分用器(OD),对于直通光来说,OMS 会跨过 OADM 器件。OCh 对应着单束光,位于 OUT 单元之间。OTN 光网络模型如图 5-19 所示。

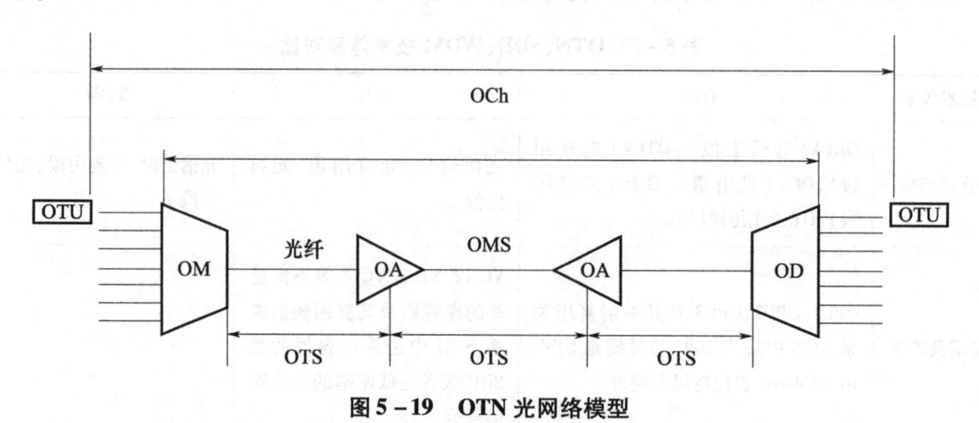

图 5-19 OTN 光网络模型

3. OTN 技术应用

OTN 技术主要对现有网络基本分层关系以及传送业务颗粒分布情况进行分析,达到明确掌握 OTN 设备存在的各类形态的目的,当前 OTN 设备应用在长途传送网和城域传送网核心层中具有较大的应用价值。

1)在省内长途传输网中的有效应用

随着长途传送网承载的业务量不断增多,加上大客户业务颗粒增大,网络业务灵活性以及生存性问题日益突出。目前,为了使网络运行质量能够全面提升,需要有效应用传送网络资源,确保中继电路利用效率有效提升,在长途骨干节点中,要将超大容量作为调度枢纽。在超大容量 OTN 交叉设备中嵌入 ASON/GMPLS 分布式控制面板,能够有效地应用保护恢复等基本功能,使长途传送网应用稳定性能全面提升。在目前省内长途传送网中进行应用主要是为数据网络路由器主要线路以及省内网络提供波长信道,确保多项业务能够有效传送。

2)城域核心网的应用

在目前地域网覆盖范围中,IP 网络设备在实际应用过程中主要是采取光纤直连方式进行连接,随着网络带宽不断增强,各个重要的设备端口传输速率逐步加快,应用裸光纤直连承接各项业务的缺点逐步显现。在波分层面中,OTN 应用功能能够得到有效兼容,同时具备不同级别的交叉功能以及保护能力,能够承载不同速率的业务。OTN 承载 GE 速率业务具有较大应用优势,通过网管有效配置,能够对不同业务进行灵活调度,提升电路可控性。但是,当前更高要求的性能检测与故障管理能力较差,所以目前应用 OTN 能够在城域网中全面替代各类大颗粒业务。为了促进多项业务全面发展,需要逐步提升网络业务疏通能力,应用 OTN 技术,适应数据网络更多要求。

OTN 技术是全新的光传送网技术,具备已有网络诸多应用优势,从 OTN 技术应用定位来看,此项技术和应用设备逐步完善。通过引入 OTN 技术,能够提升传输网络基本管理与调度能力,全面解决光纤传输距离问题。

5.5 PTN 技术

随着新兴数据业务的迅速发展和带宽的不断增长、无线业务的 IP 化演进、商业客户的 VPN 业务应用，对承载网的带宽、调度灵活性、成本和服务质量等的综合要求越来越高。

1. 分组传送网(PTN)技术简介

PTN 是指这样一种光传送网络架构和具体技术：在 IP 业务和底层光传输媒介之间设置了一个层面，该层面针对分组业务流量的突发性和统计复用传送的要求而设计；以分组为内核，实现多业务承载；具有更低的总体使用成本(TCO)；秉承光传输的传统优势，包括高实用性和可靠性、高效的带宽管理机制和流量工程、便捷的 OAM 和网管、可扩展、较高的安全性等。

以 MSTP-TP 为代表的 PTN 设备作为 IP/MSTP、以太网承载技术和传送网技术相结合的产物，是目前电信级以太网的最佳实现技术之一。PTN 设备具有以下特征：

(1)面向连接。

(2)利用分组交换核心实现分组业务的高效传达。

(3)可以较好地实现电信级以太网业务的 5 个基本属性，包含标准化的业务、可扩展性、可靠性、严格的 QoS 和运营级别的 OAM。

2. PTN 技术特点

PTN 网络是 IP/MSTP、以太网和传送网 3 种技术相结合的产物，具有面向连接的传送特征，适用于承载无限回传网络、以太网专线、L2VPN 以及 IPTV(交互式网络电视)等高品质的多媒体数据业务。PTN 网络具有以下特点：

(1)基于全 IP 分组内核。

(2)基于传统 SDH 平台，具有良好的网络管理能力。

(3)具有分层网络架构体系。

(4)保持 SDH 端到端连接、高可靠、高性能、易部署和维护的传送理念。

(5)结合 IP 业务的灵活性，同时具备统计复用、大带宽、高性能、可扩展性的特性。

(6)采用优化的面向连接的增强以太网、IP/MSTP 传送技术，通过 PWE3 适配多业务承载。

(7)传送层划分为段、通道和电路各个层面，每一层的功能定义完善，各层之间的相互接口关系明确清晰，使网络具有较强的扩展性，适合大规模组网。

(8)具有电信级 OAM 能力，支持多层次 OAM 及其嵌套，为业务提供故障管理和性能管理。

(9)为 L3/L2 乃至 L1 用户提供符合 IP 流量特征而优化的传送层服务，可以构建在各种网络/L1/以太网物理层之上。

(10)提供完善的 QoS 保障能力，将 SDH、ATM 和 IP 技术中的带宽保证、优先级划分、同步等技术结合起来，实现承载在 IP 之上的 QoS 敏感业务的有效传达。

(11)提供端到端业务的保护。

3. PTN 技术应用

PTN 技术的应用主要体现在网络定位和组网方面的应用，本节重点讨论 PTN 技术在网络定位方面的应用。PTN 技术主要定位于城域的汇聚接入层，其在网络中的定位主要满足以下需求：

(1)多业务承载。PTN 承载无线基站回传的 TDM/ATM 及今后的以太网业务、企事业单位和家庭用户的以太网业务。

(2)业务模型。城域的业务流向大多是从业务接入节点到核心/汇聚层的业务控制和交换节点，为点到点(P2P)和点到多点(P2MP)汇聚模型，业务路由相对确定，因此中间节点不需要路由功能。

(3)严格的 QoS。TDM/ATM 和高级数据业务需要低时延、低抖动和高带宽保证，而宽带数据业务峰值流量大且突发性强，要求具有流分类、带宽管理、优先级调度和拥塞控制等 QoS 能力。

(4)电信级可靠性。需要可靠的、面向连接的电信级承载，提供端到端的 OAM 能力和网络快速保护能力。

(5)网络扩展性。在城域范围内业务分布广泛且密集，要求网络具有较强的扩展性。

(6)网络成本控制。大中型城市现有的传送网都具有几千个业务接入点和上百个业务汇聚节点，所以网络需要具有低成本、可统一管理和容易维护的优势。

5.6 ASON 技术

全光网络寄托了人们简化网络结构、增加通信容量、延长通信距离的美好愿望。考虑到具体因素，ITU-T 倾向于暂时搁置或者放弃全光网的概念，转向更为现实的光传输网概念，从半透明开始走向全透明，由此产生了智能光网络(ASON)。目前所说的“光网络”是由高性能的光电转换设备连接众多的全光透明子网的集合，ASON 不限定网络的透明性，也不排除光电转换。ASON 中的“智能”主要指在 ASON 网络中高度智能化的控制平面根据网络运行的需要，遵循标准化的协议所引起的交换或者交叉。

1. ASON 技术简介

ASON 是指在 ASON 信令网控制之下动态完成光传输网络内部链路的链接/释放、交换、传输等一系列功能的网络。传统的传输网只有两个平面——传输平面和管理平面，ASON 在光传输网络中引入控制平面，以此来达到自动交换和连接控制的目的。

ITU-T 的 G.8080 和 G.807 定义了一个与具体实现技术无关的 ASON 体系架构，整个网络由传送平面(TP)、控制平面(CP)和管理平面(MP)3 个独立逻辑的功能平面组成，如图 5-20 所示。与现有的光网络不同的是，ASON 增加了一个控制平面，该平面是整个 ASON 的核心部分，由分布在 ASON 各个节点设备中的控制单元组成。

1)控制平面

控制平面是 ASON 的核心部分，主要由信令转发、路由选择和资源管理等功能模块构成，每个控制单元之间可以相互联系共同构成信令网络，以此达到传送控制信息的目的。

ASON 通过引入控制平面，使用协议、接口和信令系统，可以动态地交换光网络的拓扑信息、控制信令和其路由信息，实现光通道动态的建立和拆除，以及网络资源的动态分配，还可以在出现连接故障时进行状态恢复。控制平面的关键技术主要包含功能模块、网络接口和信令协议3个方面的内容。除此之外,控制平面的信令传送网拓扑与传送平面传送网拓扑结构可以不同。

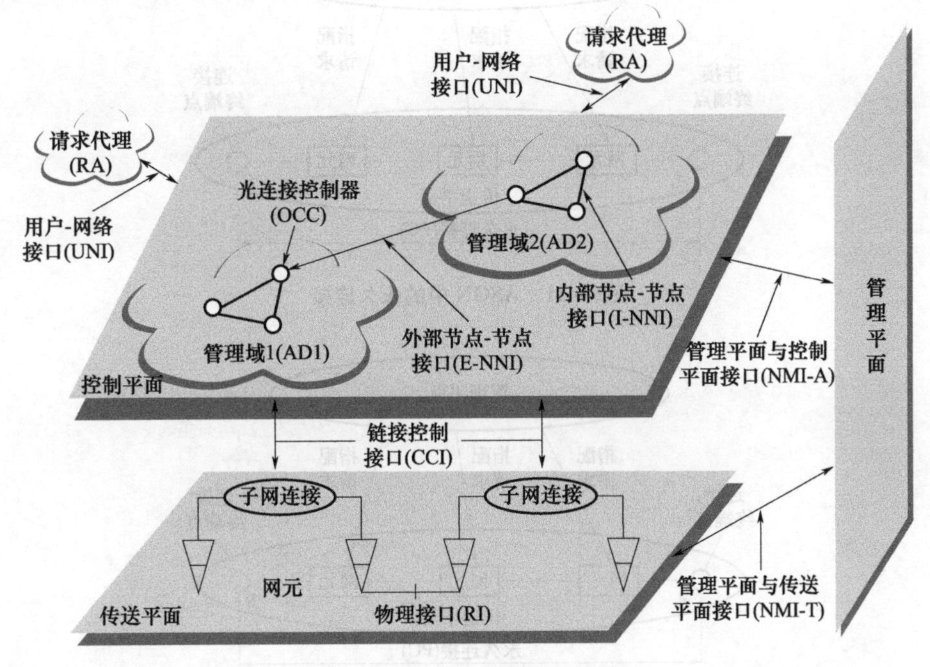

图5-20 ASON逻辑功能平面

2)管理平面

管理功能的智能化和分布化是管理平面的重要特点。基于控制平面、传送平面和信令网络的新型多层面管理结构已经取代了传统的光传送网管理体系,构成了一个集中管理与分布智能相结合、面向运营者的维护管理需求与面向用户的动态服务需求相结合的综合化的光网络管理方案。ASON的控制平面和管理平面互为补充,可以实现对网络资源的动态配置、性能监控、路由规划和故障管理等功能。

3)传送平面

传送平面由一系列的传送实体组成,是业务传送的通道,为用户提供了端到端的单向或双向信息传输,同时还要传送部分网络体制和管理信息。ASON传送网基于网格状结构,光传送节点主要由传输设备和光交叉连接(或交换实体)组成。

2. ASON的连接类型及特点

1)ASON的连接类型

根据用户和业务的不同需求,ASON可支持3种类型的连接,即永久连接(permanent connection,PC)、交换连接(switched connection,SC)和软永久连接(soft permanent connection,SPC),如图5-21~图5-23所示。

(1)永久连接。永久连接沿袭了传统光网络中的连接建立形式,连接路径需要网管系统进行统一指配。在这种连接方式中,连接的发起和维护都由管理平面完成,控制平面在其中不起作用。管理平面根据连接请求以及网络资源利用的情况预先计算永久连接的路径,然后管理平面沿着计算好的连接路径通过NMI-T向网元发送交叉连接命令进行统一指配,最终通过传送平面各个网元设备的动作完成通路的建立过程。

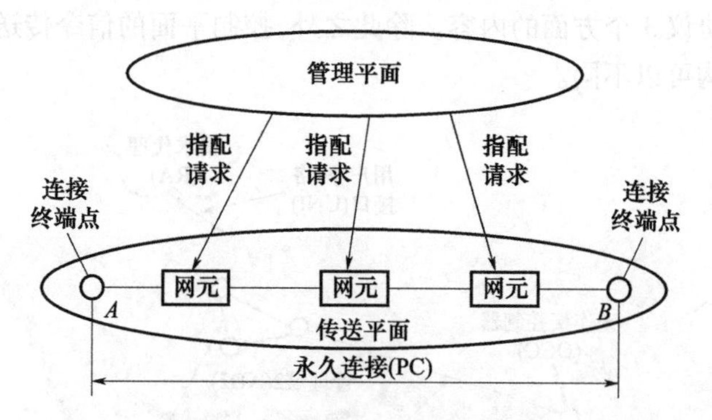

图 5-21　ASON 中的永久连接

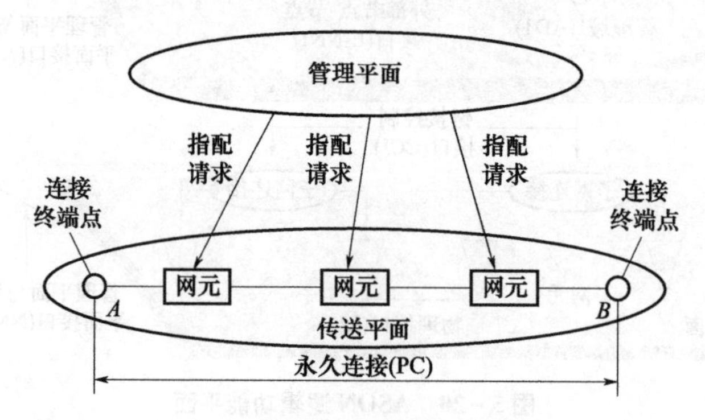

图 5-22　ASON 中的交换连接

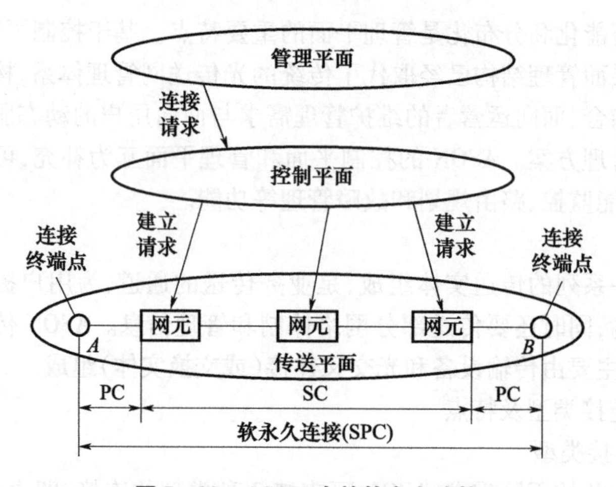

图 5-23　ASON 中的软永久连接

(2)交换连接。交换连接是一种由于控制平面的引入而出现在 ASON 中的全新的动态连接方式,这种连接的建立主要是由控制平面来完成的。交换连接请求由端用户向控制平面发起,通过在控制平面内进行信令和路由消息的动态交互,以及控制平面与传送网元的交互,最终完成连接的建立过程。交换连接实现了在光网络中连接的自动化,且满足快速、动态的要求并符合流量工程的标准。这种类型的连接集中体现了 ASON 的本质特点,是 ASON 连接实现的最终目标。

(3)软永久连接。软永久连接的建立由管理平面和控制平面共同完成。这种方式的连接是在网络的边缘由网络提供者提供永久性连接,在网络边缘的永久性连接之间提供交换连接,从而实现端到端的连接。所以,软永久连接的建立方式介于前两者之间,是一种分段的混合连接方式。

以上 3 种连接类型最重要的区别在于负责连接建立的主体不同。例如,对于永久连接方式,连接建立的责任在网络运营者;而对于交换连接方式,连接建立的责任在终端用户,这时,第三方信令由用户网络接口(user network interface,UNI)支持。正是因为自动交换光网络存在这样 3 种各具特色的连接类型,使得它不仅具备了连接建立的灵活性,能更好地满足用户连接的各种需求,而且还能与现存的光网络“无缝”连接,从而更有利于现存光网络向 ASON 的过渡和演变。

2)ASON 技术特点

ASON 最早是在 2000 年 3 月日本京都会议上,由国际电信联盟电信标准分局(Telecommunication Standardization Sector of the International Telecommunications Union,ITU-T)的 Q19/13 研究组正式提出的,并将它形成 G. ason 建议草案。随后在美国、英国的支持下,ITU-T 不断对 G. ason 的内容进行修改、补充,并于 2001 年发布 G. 807(自动交换传送网络功能需求)和 G. 8080(自动交换光网络体系结构)两个标准。ITU-T 最先提出的是自动交换传送网(automatic switched transport network,ASTN),这是一种通用意义上的网络概念,它与具体的技术无关,并能提供一系列支持在传送网络上建立和释放连接的控制功能,而 ASON 实际上可以看作是 ASTN 技术在光网络中的一种应用实例。ASON 在 ITU-T 的文献中定义为:“通过能提供自动发现和动态连接建立功能的分布式(或部分分布式)控制平面在 OTN 或 SDH 网络之上,可实现动态的、基于信令和策略驱动控制的一种网络”。

ASON 的提出使原来复杂的多层网络结构(IP over ATM over SDH over WDM)变得简单化和扁平化,直接实现 IP/GMPLS over WDM,从而避免了在传统网络中业务升级时受到的多重限制,也提高了网络的传输效率。这种网络结构最突出的特点就是支持电子交换设备(如 IP 路由器等)动态地向光网络申请带宽资源。电子交换设备可以根据网络中业务分布模式动态变化的需求,通过信令系统或者管理平面自主地去建立和拆除光通道,不需要人为干预。ASON 作为一种新型的智能光网络,除继承了传统光网络大容量、业务透明的特点外,还具有以下一些突出的优点:

(1)具有灵活的带宽提供能力,为以数据业务为主的多样化光网络业务提供了一个响应快、低成本的智能化底层光传送网络。

(2)可实现流量工程(traffic engineering,TE)要求,允许将光网络资源动态地、合理地分配给网络中的连接。

(3)具有灵活多样的故障恢复能力和较高的网络生存性,能较好地确保业务的可靠性传输,尤其是能实现分布式、快速的恢复功能。

(4)可提供多种新型的光层增值业务,如带宽按需分配(bandwidth on demand,BOD)业务、OVPN 业务等。

正是因为 ASON 的诸多优点,它自诞生之日起便得到了业界的广泛关注与认可。短短几年间 ASON 的研究与开发已经取得丰硕的成果,以 ASON 为代表的智能光网络解决方案已日趋成熟。

3. ASON 网络模型

根据底层光传输网络与电交换设备相互关系的不同,ASON 中定义了 3 种网络模型,分别是层叠模型、对等模型和混合模型。

1)层叠模型

层叠模型也称为客户－服务者模型(client-server model),是由 ITU 和 OIF 组织提出的。在这个模型中,底层光传输网络作为一个独立的“智能”网络层,起到一个服务者的作用,而电子交换设备被看作是客户。光网络层和客户层被明确地区分开来,它们相互独立,分别选用不同的路由、信令方案及地址空间。客户层和光网络层之间只能通过 UNI 接口交换非常有限的控制信息。光网络内部的拓扑状态信息对客户层是不可见的。对于更高层的网络服务来说,底层光传输网络就好比一个有着若干接口(UNI 接口)的黑箱子。通过这些接口,多种业务接入设备可以动态向光网络申请带宽资源。层叠模型的优势在于将业务层和光网络层功能分隔得比较明晰、简单,为光层未来支持不限于 IP 路由器的多业务信号奠定了基础。同时,通过 UNI 协议完成连接请求,屏蔽运营商网络的拓扑细节,这也符合运营商实际运营需要。另外,这个模型可以实现两层各自发展互不制约,且允许子网分割,为运营商充分利用现有资源和未来引入新技术铺平了道路。但层叠模型使业务层的路由不能有效利用光传输层的拓扑资源,造成资源浪费。同时,网络的点到点连接由边缘设备来建立,这会最终产生大量控制信息,从而限制了网络边缘设备的数量。

2)对等模型

在对等模型中,IP、ATM、SDH 等电层设备和光层设备的地位是平等的。在这个模型中,为电层设备和光层设备建立了一个统一的控制平面。产生这个想法的原因是希望将现有在互联网中使用成熟的电层控制平面技术扩展到光层控制平面中,同时这个扩展需要体现光层控制平面的特有特性。由于同时作用于电层设备和光层设备的统一控制平面的引入,电层设备和光层设备之间不存在明显的界限。因此模型中的 UNI 在对等模型中没有存在的必要。

在对等模型中,通过设置一个统一的控制平面,每个网络运营商可以使用其他网络运营商的基站设备,这样可以避免用不同的方法管理一个不统一的光网络带来的复杂性。但为了实现全网的统一控制,需要在网络中交换大量的状态和控制消息,为此造成的网络性能影响还需进一步研究。而且运营商希望对自身网络有绝对的控制和管理,因此往往不愿意向用户公开其内部网络信息。

3)混合模型

混合模型将上面两个模型进行了有机的结合。运营商可以对自己内部的 IP 网络和光网络采取对等模型构建,而对于要连接的其他运营商网络和其他客户层信号可以采用层叠模型来构建。这样既可以发挥前两种模型的优势,同时在一定程度避免了前两种模型不足。从目前 ASON 网络的实际建设情况看,混合模型是最常采用的方法。

4. ASON 的应用

1)40Gb/s 速率的光接口

随着各种新兴电信业务的出现,特别是数据业务对网络带宽的占用量越来越大,在使网络变得智能化的同时,也要考虑网络宽带化的问题。对于应用于骨干层网络ASON节点设备来说,能够提供40Gb/s的更大速率光接口就显得非常有必要了。另外,各种高端路由器和交换机的接口速率达到了10Gb/s,这种大容量高端路由器和交换机的出现也大大推动了40G光接口在ASON节点设备中的应用。

2)基于BitSlice技术的多播严格无阻塞交叉矩阵

交叉矩阵是ASON节点设备传送平面的核心部分,ASON设备和传统的SDH/MSTP设备相比,除了增加控制平面外,在传送平面硬件方面也有部分改进。例如交叉容量的提升和交叉矩阵的多播严格无阻塞特性。为什么ASON节点设备需要多播严格无阻塞、大交叉能力的交叉矩阵呢?主要是以下三方面的原因:首先,ASON是基于格状网络构建的,相对于以往的环网结构来说,ASON节点设备上要提供更多的光接口,要有更强的业务调度和疏导能力。其次,采用多播严格无阻塞的交叉矩阵对于ASON网络的恢复时间性能有显著提高。与之相比,传统的3级CLOS矩阵方式具有重构无阻塞特性,在网络发生故障时,ASON节点设备的交叉连接要进行内部路由搜索,延长了全网恢复时间。最后,采用多播严格无阻塞矩阵可以更好地支持ASON网络中的广播业务。若采用重构无阻塞交叉矩阵,在广播业务达到25%以上时,会显示出阻塞特性。

对于ASON网络的发展,其标准化进程的加快,将实现不同厂商设备的互通和互操作,同时网络结构从环网向网状网演进,推动了网状网物理平台的建设及系统资源的完善和优化。随着ASON技术的逐步成熟,未来几年将进入实用化阶段。ASON利用单一的控制平面,可以实现跨厂商、跨运营商管理域OTN/SDH传送平面的统一控制,完成端到端的电路建立、保护和恢复,解决了端到端配置、保护和恢复、电路SLA等问题。可以相信,ASON网络体系将为网络运营商和服务商带来新的业务增长点,创造巨大的市场机遇与经济效益。

本章小结

本章详细介绍了光传输技术体制演进过程,包含SDH技术、MSTP技术、DWDM技术、OTN技术、PTN技术及ASON技术。

MSTP是指基于SDH平台,同时实现TDM、ATM、以太网等多种业务的接入、处理和传送,提供统一网管的多业务节点。MSTP明显地优于SDH,主要表现在多端口种类,灵活的服务提供,支持WDM的升级扩容,最大效用的光纤带宽利用,较小粒度的带宽管理等方面。由于它是基于现有SDH传输网络的,可以很好地兼容现有技术,保证现有投资。由于MSTP可以集成WDM技术,能够保证网络的平滑升级,从某种程度上来说也是Metro-WDM的低成本解决方案之一。

DWDM是光纤网络的重要组成部分,它可以让IP协议、ATM和同步光纤网络/同步数字序列(SONET/SDH)协议下承载的电子、视频、多媒体、数据和语音等数据都通过统一的光纤层传输。

OTN技术作为全新的光传送网技术,继承并加强了现有传送网络优势,同时具备了SDH的灵活可靠和WDM的大容量,既可以提供超大容量的带宽,又可以直接对大颗粒业务进行调度,并能够实现类似于SDH完善的保护和管理功能,更可以与ASON结合实现智能光网络。

PTN 更加适合于 IP 业务特性,同时它可以支持多种基于分组交换业务的双向点对点连接通道。它继承了 SDH 技术的操作、管理和维护机制,具有点对点连接的完整 OAM 功能,保证网络具备保护切换、错误检测和通道监控能力。网管系统可以控制连接信道的建立和设置,实现了业务 QoS 的区分和保证等。

ASON 的概念和思想可以扩展应用于不同的传送网技术,具有普遍适应性。可以说,ASON 的概念不仅是传统传送网概念的历史性突破,而且是传送网技术的一次重大突破,是具有自动交换功能的下一代光传送网。

思考与练习

1. PDH 存在什么问题? SDH 有什么优点?
2. 什么是 RSOH? 什么是 MSOH? 它们包含哪些字节? 各起什么作用?
3. 我国的 SDH 复用结构是怎么样的?
4. 指针是什么? 它有什么用途? 它是如何工作的?
5. 逻辑功能框图与信号复用过程的主要对应关系有哪些?
6. 在 SDH 系统中,在网络的中间站如何实现上、下路?
7. 自愈的含义是什么?
8. 画出二纤单向通道倒换环的原理图,说明其倒换原理。
9. 什么是 MSTP? 提出的背景是什么?
10. 什么是 DWDM,其工作原理是什么?
11. OTN 技术提出的背景及优点是什么?
12. PTN 技术的特征是什么?
13. ASON 技术概念及逻辑架构体系是什么?

第6章　实践操作训练

学习目标

- 掌握光缆线务员的基本操作维护技能。
- 掌握光纤通信机务员的基本操作维护技能。
- 掌握常用光纤通信仪器仪表的操作使用技能。

光纤通信网络的维护主要包括光线路维护和光端机房设备维护两方面内容。负责维护线路的岗位人员称为线务员,负责维护机房设备的岗位人员称机务员。本章立足光纤通信网络维护实际需求,结合前面介绍的理论知识,设计实验实训内容,加强工程应用指导。

6.1　光纤弯曲损耗测试

光纤在安装和使用中不可避免会被弯曲,弯曲半径过小会导致纤芯中的光泄露出去,造成信号功率的损失。因此,在光纤使用中要注意避免大幅度弯曲。

6.1.1　实训目的

(1)初步掌握红光笔、光源、光功率计等常见光通信仪器仪表的使用。

(2)观测光在弯曲半径过小的光纤中传播时产生的光泄漏现象。

6.1.2　工具器材

工具器材包括:红光笔1支、稳定光源1台、光功率计1台、光纤跳线1根、带有接头的涂覆光纤1段、光纤清洁工具1套。

1. 红光笔简介

红光笔又称通光笔、笔式红光源、可见光检测笔、光纤故障检测器、光纤故障定位仪等,可用于检测光纤连通性及光纤断裂、弯曲等故障定位,光时域反射仪OTDR盲区内故障检查,以及端到端光纤识别。按最短检测距离,红光笔划分为5km、10km、15km、20km、25km、30km、35km、40km等。工作距离不同需要的发射光功率也不同,因而红光笔发射光功率从1mW到30mW不等。红光笔通过恒流源驱动,发射出稳定的红光,一般工作波长为650nm。它与光接口连接后,红光进入光纤,在光纤的故障点处泄漏的光透过3mm厚的PVC层依然清晰可见,从而实现光纤故障检测功能。手持式红光笔的外观如同一支手电筒,操作简单,方便携带,如图6-1所示。控制开关一般有3个挡位,一个是关闭状态【OFF】,一个是发出连续红光【CW】,一个是发出闪烁红光【GLITTER】。

图6-1 红光笔

1)操作方法

(1)打开防尘帽,拨动控制开关到连续或闪烁状态,此时有红光发出。

(2)被测光纤插头(2.5mm 标准插针体)用酒精棉清洁后,插入红光笔的光接口,开始测试。

(3)测试完毕,关闭控制开关,盖上防尘帽。

2)注意事项

(1)注意护眼,有红光发出时,避免直视出光口。

(2)在使用前后需注意笔头的清洁,不使用时要盖好防尘帽。

(3)长时间不使用时,将电池取出,以免电池漏液损坏光源。

2. 稳定光源简介

稳定光源是光纤通信领域常用的一种仪表,常见的有台式和手持式(图6-2)两种类型,主要用于产生测试光信号,广泛用于光通信设备、光电武器装备、光纤、光无源器件的测试等。在给定条件(环境、时间范围)下,稳定光源的输出光功率、波长及光谱宽度等特性是相对稳定的。若要达到一定的稳定度要求,稳定光源要采取一定的措施,如APC(自动功率控制)电路、ATC(自动温度控制)电路等。下面简要介绍稳定光源的常见功能键、操作方法和注意事项。

图6-2 手持式光源

1)按键功能

【电源】或【ON/OFF】 打开或关闭电源。

【背光】或【LIGHT】 打开或关闭屏幕背光。

【波长】或【λ】或【WAVE】 波长切换。

【调制】或【MODE】 选择调制频率。

2)操作方法

(1)将光纤连接器接入光输出端口。

(2)按下【ON/OFF】键开机,仪器自检后进入工作状态,显示当前波长和调制频率。

(3)通过按动【WAVE】键来调整光源的工作波长。

(4)通过按动【MODE】键来调整光源的调制频率。

(5)按【ON/OFF】键关机。

3)注意事项

(1)避免在工作时直视输出口,以免出射光伤害眼睛。

(2)开机后输出光功率有些波动,应该预热几分钟后再读数。

(3)若长时间不使用,用防尘帽保护光输出端口,避免输出端口暴露在空气中被污染。

(4)当稳定光源使用一段时期后,光输出端口的内部套筒上可能粘附污垢,造成输出光功率下降,可用沾有酒精的棉签进行清洁。

(5)如果长期不用,及时将电池取出来,以免电池受潮影响使用寿命。

3. 光功率计简介

光功率计主要用于连续光信号功率的测量,广泛用于光缆施工与维护、光纤通信、光纤传感、光 CATV 等领域,常见有台式和手持式(图6-3)两种类型。

1)按键功能

【电源开关】打开或关闭电源。

【参考】将当前输入光功率以 dBm 形式存储于机内,作为相对测量参考功率值。

【dB】相对测量,显示当前输入功率值与参考功率值之间的相对值。

【dBm/W】线性测量和对数测量方式切换。

【保持】量程自动/量程保持切换。当量程自动状态时,按下该键后显示屏显示 HOLD,仪器处于量程保持状态,不随输入光改变而切换量程;再次按下该键后,HOLD 标识消失,仪器回到量程自动切换状态。

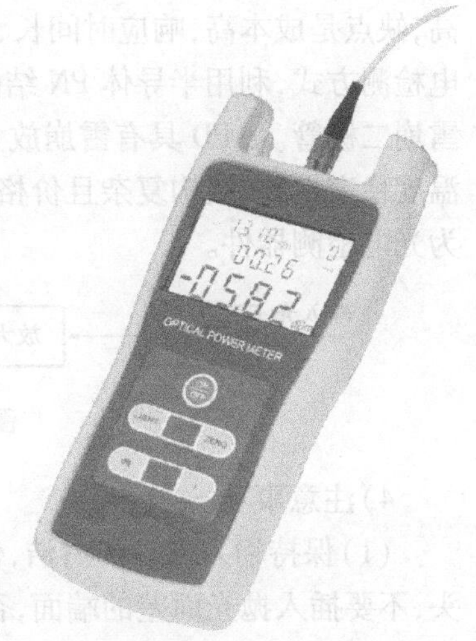

图6-3　光功率计

【波长】波长切换。

【调零】当进行微弱光功率测试时(光绝对功率小于-50dBm),按该键可补偿电噪声。按下该键后,显示屏显示 ZERO。调零应该在遮光情况下进行,即进行调零操作时,光功率输入端盖上黑色保护帽。

2)操作方法

(1)将光纤连接器接入光输入端口。

(2)按下【ON/OFF】键开机,仪器自检后进入工作状态,显示当前测量波长和功率值。

(3)按【波长】键选择当前测量的工作波长。

(4)选择测量方式:

①绝对测量。仪器开机默认测量方式为绝对测量方式。绝对测量方式下的光功率有两种表示方法:一是对数表示法,以 dBm 为功率单位;二是线性表示法,以 W、mW、μW、nW 或 pW 等为单位。按【dBm/W】键可在这两种功率表示法间切换。

对数值(dBm)=10lg(测量线性值/1mW)

②相对测量。按【dB】键可进入相对测量方式,测量单位为 dB,此时显示的相对功率值是按下【dB】键后的输入绝对功率与仪器所设的参考功率值 REF(默认值为0dBm)之间的差值。这种测量方式可以方便地进行光功率衰减测试。

(5)显示屏显示当前测量波长和功率值等工作参数。

(6)按【ON/OFF】键关机。

3)工作原理

光功率计基本原理框图如图6-4所示,光电探测器(PIN)接收光输入后,产生与输入光功率成正比的电流信号,经放大后,再经 A/D 变换器变换成数字信号,送 CPU 进行数据处理与校准,用软件完成对数转换计算,最后得到被测光功率的线性值和对数值,并将结果显示出来。光电探测器(PIN 管)是光功率测量的核心器件。

光功率的测量方法目前有两种：一种是热转换型方式，利用黑体吸收光功率后温度的升高来计算光功率的大小，这种光功率测量方法的优点是光谱响应曲线平坦、准确度高，缺点是成本高，响应时间长，因此一般被用来作为标准光功率计；另一种是半导体光电检测方式，利用半导体PN结的光电效应实现光电转换，主要有PIN光电二极管和APD雪崩二极管。APD具有雪崩放大作用，响应度和灵敏度高，但附加噪声大，偏置电压高，温度稳定性差，结构复杂且价格高，因此在灵敏度要求不太高的情况下可选用PIN管作为光电检测器件。

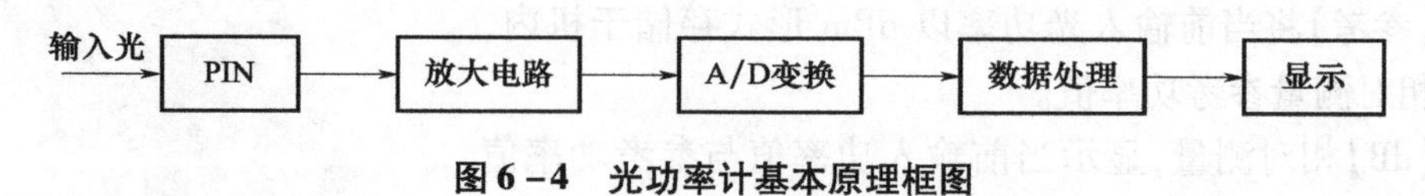

图6-4 光功率计基本原理框图

4）注意事项

（1）保持输入端口的清洁，做到无油脂、无污染，不要使用不清洁和非标准适配器接头，不要插入抛光面差的端面，否则会使测试结果出现误差。

（2）光功率计不使用时，要盖上防尘帽，保护端面清洁，防止长时间暴露在空气中附着灰尘而产生测量误差。

（3）小心插拔光适配器接头，避免端口造成刮痕。

6.1.3 操作步骤

（1）将红光笔与涂覆光纤相连，红光注入到涂覆光纤中。将涂覆光纤轻轻弯曲，逐渐缩小弯曲半径，观察红光从光纤侧面泄漏现象。

（2）光缆跳线分别连接光源和光功率计，设置光源和光功率计的工作波长均为1.31μm，在光缆跳线正常放置状态下，读取光功率的值，并记录。

（3）将光缆跳线缠绕在手指上，观察光功率计显示数值的变化，并记录最终结果。

（4）计算弯曲损耗的值，对结果进行分析。

项目	线性值	对数值	备注
大幅度弯曲前			
大幅度弯曲后			
弯曲损耗			
结论			

注意事项：

（1）光源、光功率计、光缆跳线接口要匹配。

（2）每次接口连接，要使用酒精棉对接头进行清洁。

（3）不能肉眼直视出光口。

6.2 光纤熔接

光纤熔接是实现两根光纤固定连接的基本操作，用于线路敷设、维护、抢修等多个环节,是光纤通信岗位人员的必备技能。

6.2.1　实训目的

(1)掌握光纤熔接工具的选择和使用。

(2)熟练掌握涂覆光纤熔接操作。

6.2.2　工具器材

工具器材包括:光纤熔接机1台、光纤切割器1台、米勒钳1把、热缩管若干、涂覆光纤若干、无水酒精1瓶、脱脂棉球若干。

1. 光纤切割刀简介

光纤在进行熔接以前,必须进行光纤端面的切割,切好的光纤端面经数百倍放大后观察仍然是平整的。完成石英光纤切割的专用工具就是光纤切割刀,如图6-5所示。

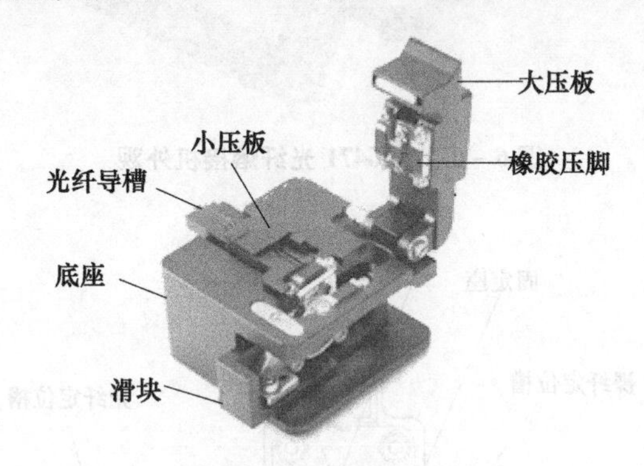

图6-5　光纤切割刀

1)操作方法

(1)将大小压板抬起,将光纤放置在光纤导槽内,涂覆边界线和光纤切断长度的测定刻度处对齐。

(2)合上小压板,再合上大压板盖,推进刀刃滑块,切断光纤。

(3)抬起大小压板,取出光纤,去除光纤碎屑。

2)注意事项

(1)光纤切割刀属于精密机械,如敲打和落地可能会损伤切割刀的特性,要小心使用。

(2)光纤及碎屑纤细锐利,扎入手指,进入眼内部将造成伤害,要小心操作,可配戴防护眼镜。

(3)安装在机体上的刀刃精密且锋利,不可用手触摸。

(4)橡胶压脚以及光纤导槽要保持清洁,应经常用酒精棉清洁。

2. 光纤熔接机简介

光纤熔接机就是以熔融方式完成光纤连接的机器。实际应用中,光纤的连接有永久性连接和活动连接两种形式。光纤熔接机用于光纤的永久性接续,在光纤通信工程和光无源器件的生产测试中大量使用,长达几十千米光缆链路是由很多小段光缆以熔接方式连接起来的。采用熔接方式接续光纤具有损耗较小、连接牢靠、不易受外部环境影响等优点。图 6－6 所示为 AV6471 光纤熔接机外观，图 6－7 为打开防尘罩后的内部结构图。

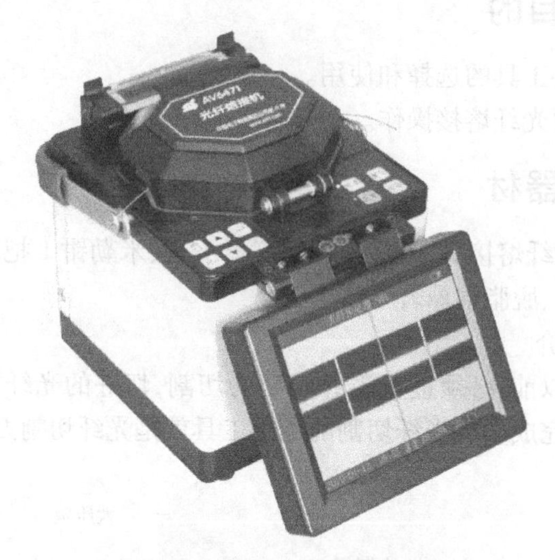

图 6－6　AV6471 光纤熔接机外观

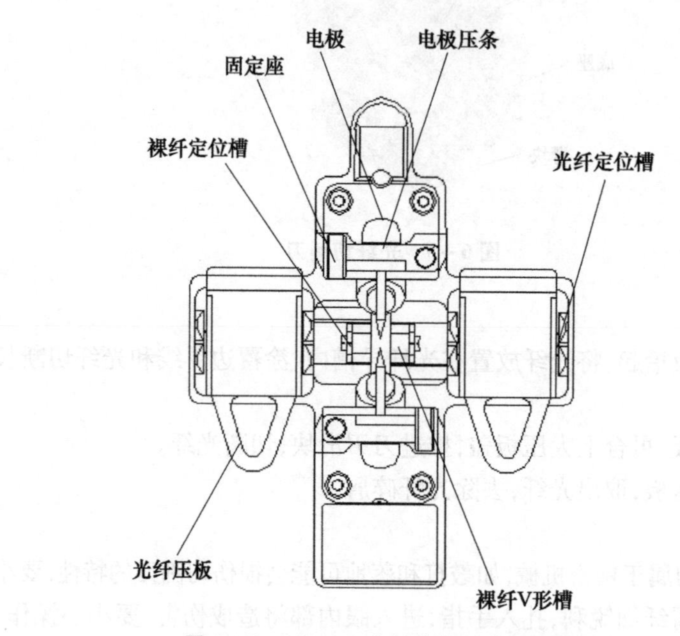

图 6－7　AV6471 光纤熔接机内部结构图

1）面板说明

（1）防尘罩。防尘罩内包含显微镜、提供照明的反光镜和稳定 V 形槽内裸纤的小压头，同时具有防尘、防风等作用，平时应处于关闭状态。

（2）显示器。显示显微镜下光纤接续过程，放置角度、亮度均可调整。

（3）键盘说明。键盘各键布置如图 6－8 所示，键盘操作分为菜单操作和熔接操作。POWER、HEAT和RESET在任何方式下都有效，各按键功能如表 6－1～表 6－3 所列。

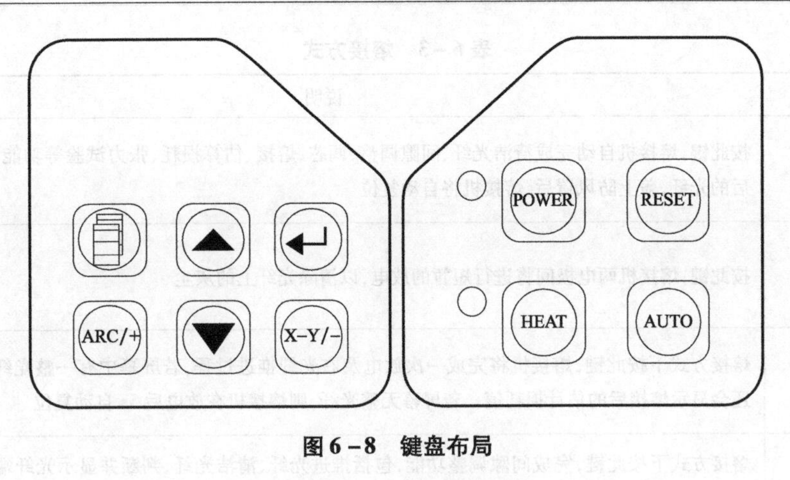

图6-8 键盘布局

表6-1 长效功能键说明

按键	说明
POWER	电源开关键
HEAT	加热键,按此键对应的红色指示灯亮,自动完成一次加热过程。合上加热器盖,也会自动完成一次加热过程。在加热期间,按此键,可以停止加热
RESET	复位键,按此键可以终止当前(除加热外)所有操作,熔接机的执行机构参数恢复到初始状态

表6-2 菜单方式

按键	说明
(菜单键)	菜单方式下按此键,返回上一级菜单。如果是主菜单,则返回熔接方式
(回车键)	按此键,进入下一级菜单;电动机调整时切换左右光纤移动;在测试菜单中,用来确认测试开始
▲	按住此键,向上移动光标;电动机调整时,向上移动光纤;在查看熔接记录时,按此键查看较早的熔接记录
▼	按住此键,向下移动光标;电动机调整时,向下移动光纤;在查看熔接记录时,按此键查看较晚的熔接记录
X-Y/-	菜单方式下按此键,切换 X/Y 显示界面;按住此键,连续减小参数值
ARC/+	菜单方式下按住键,可连续增大参数值

表6-3 熔接方式

按键	说明
AUTO	按此键,熔接机自动完成清洁光纤、间隙调整、调芯、熔接、估算损耗、张力试验等功能。取出熔接后的光纤,盖上防风罩后,熔接机将自动复位
↵	按此键,熔接机两电极间将进行短暂的放电,以清除光纤上的灰尘
ARC/+	熔接方式下按此键,熔接机将完成一次放电及右光纤推进过程,若屏幕中有一整光纤,则屏幕上还会显示熔接后的估计损耗值。若屏幕无整光纤,则熔接机在放电后5s自动复位
▲	熔接方式下按此键,完成间隙调整功能,包括推进光纤、清洁光纤、判断并显示光纤端面角、将装入的光纤轴向调整到熔接所需的位置。功能完成后,蜂鸣器给出声音提示,且屏幕显示"OK"字样
▼	熔接方式下按此键,完成待接光纤的调芯。功能完成后,蜂鸣器给出声音提示,且屏幕显示"OK"字样
▤	按此键,进入菜单方式,显示主菜单

2)操作方法

(1)给一侧光纤套上热缩管,用于光纤熔接后的接头保护。

(2)用米勒钳将光纤涂覆层剥除,长度为30mm左右即可。用酒精棉将裸纤擦拭干净,酒精浓度大于95%。

(3)用光纤切割刀切割出平整的裸纤端面。

(4)打开防风盖和光纤压板,将切割后的光纤放置在V形槽里,并放下光纤压板。

(5)按上面步骤放置另一侧光纤,裸光纤按图6-9右图所示正确装入。光纤在显示屏上可见但不重叠。

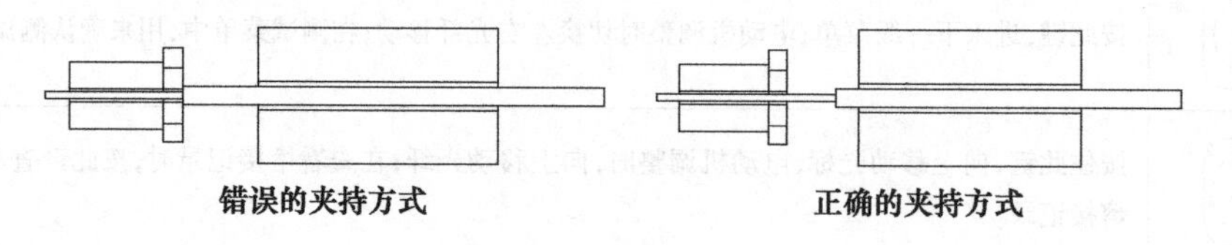

图6-9 夹持方式

(6)若端面有缺损、毛刺、太脏或端面角太大则不能接续,需重新制备光纤端面。若光纤图像模糊或明显偏离显示屏中心位置,则重装光纤并清洁裸光纤和V形槽。

(7)合上防尘罩,熔接机自动完成光纤清洁、间隙调整、调芯、熔接、估计损耗及张力试验等操作。

(8)打开加热器盖、防尘罩及左、右压板,取出熔接后的光纤。

(9)先将热缩套管移至裸光纤部位,然后把它们一起放入加热器的加热槽中,注意位置要正确,如图6-10所示。

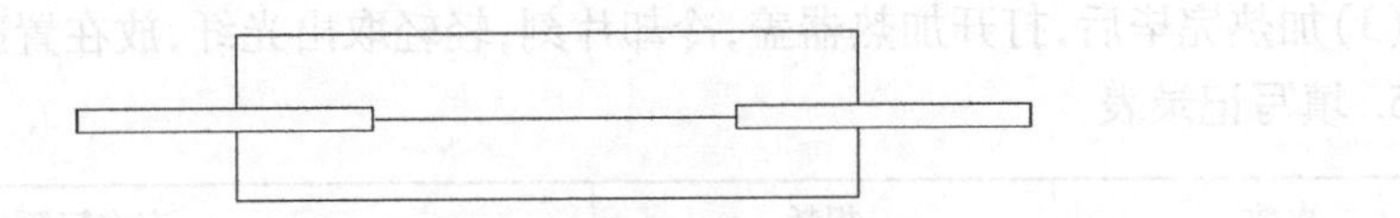

图6-10　热缩管的使用

(10)放下加热器盖,加热功能即可启动,此时指示灯亮。

(11)当指示灯灭及声音提示时,表示加热定时时间到。从塑料窗口能观察到热缩套管加热情况,热缩套管内空气完全排出后变得更透明则表明加热完好。打开加热器盖,取出光纤,放在置凉架冷却。

3)注意事项

(1)熔接机在熔接前两电极间将进行短暂放电,用于光纤灰尘的清除,但此动作不能去除掉光纤端面上的毛刺。若光纤端面有缺损、毛刺、太脏或端面角太大,应重新制备端面。

(2)放电熔接时,两电极间有数千伏高压,操作者必须注意安全,不要触摸电极。

(3)热缩管加热完毕后,注意不要用力揪住热缩套管两端的光纤往外拽,以免拉断光纤。

6.2.3　操作步骤

1. 准备

打开熔接机,进行预热,选取待熔接的两根光纤中的一根光纤,穿过热缩管。

2. 制备端面

(1)打开切割器的大压板和小压板。

(2)取一根待熔接光纤,用米勒钳剥除光纤涂覆层,长度约3cm,然后用浸有无水酒精的棉球将裸纤擦拭干净。

(3)将裸纤放入切割器凹槽内,留取切断长约1.5cm,以保证熔接机正常熔接并进行热缩保护。

(4)先合上小压板,再合上大压板。

(5)按箭头方向滑动刀刃滑块,使圆片刀滑过光纤。

(6)打开大压板和小压板,取出光纤,妥善放置废弃断头。

(7)将制备好端面的光纤放入光纤熔接机的V形槽中,放下光纤压板。

(8)通过熔接机显示屏观测光纤端面处理质量,若出现明显毛刺,重新进行端面制备。

(9)按照以上步骤,制备另一根光纤端面,并将其放入熔接机另一侧V形槽中。

3. 熔接光纤

(1)放置好两根光纤,通过熔接机显示屏观测到光纤端面处理质量完好后,盖好防尘罩。

(2)在自动熔接方式下,熔接机自动完成清洁、间隙调整、调芯、熔接、估计损耗及张力试验,并显示熔接效果。

4. 加装热缩管

(1)先将热缩管移至裸光纤部位,然后放入加热器的加热槽中。

(2)放下加热器盖,加热功能自动启动,此时指示灯亮。当指示灯灭或声音提示时,表示加热定时到。

(3)加热完毕后,打开加热器盖,冷却片刻,轻轻取出光纤,放在置凉架。

5. 填写记录表

次数	损耗	存在问题
1		
2		
3		

6.3 光纤链路测试

本节重点训练使用光时域反射计(OTDR)测试光纤长度和损耗,这是光缆线路维护人员需要具备的非常重要的技能。

6.3.1 实训目的

掌握利用光时域反射计(OTDR)测试光纤链路参数的方法。

6.3.2 工具器材

工具器材包括:待测光纤链路1条、光时域反射计1台、测试跳线1条、光纤清洁工具1套。

光时域反射计(optical time domain reflectometer,OTDR),是光纤通信系统中用于光纤光缆测试的重要仪器。OTDR向光纤中发射探测光,接收光纤中的后向光信号,从光纤的一端非破坏性地迅速探测光纤、光缆的特性,能显示光纤沿线损耗分布特性曲线,能测试光纤的长度、断点位置、接头位置及光纤的衰减系数和链路损耗、接头损耗、弯曲损耗、反射损耗等。OTDR应用于光纤通信系统研制、生产、施工、监控、维修等各个环节,如光缆生产过程中每道工序前的指标检测、光纤接续时实时监测和接头损耗测量、光缆线路工程验收、光缆线路自动监控、光纤故障探测和定位等,是光纤通信中必不可少的测试仪器。本节以AV6418光时域反射计为例进行介绍。

1. 工作原理

光在光纤中传输时,由于光纤密度微观不均匀性、光纤掺杂不均匀等因素而在光纤每一处都会产生瑞利散射现象,即产生四面八方各方向的散射光。其中一部分向后传输的瑞利后向散射光可沿光纤传回到光入射端。瑞利后向散射光比前向光弱得多,与传输光的能量以及光纤散射系数相关。对于均匀的光纤,后向散射光随光纤长度呈指数衰减函数关系,对数变换后用分贝数表示即随光纤长度呈线性下降关系。沿光纤的散射曲线反映了光纤的损耗特性。

在光纤断裂等故障点和光纤端面,由于折射率突变会引起菲涅耳反射。菲涅耳反射光的信号强度与传输光的功率以及反射端面的状况相关,一般较后向散射光强得多。光时域反射计根据光在光纤中的传输原理,采用时域测量方法,发射具有一定重复周期和宽度的窄光脉冲注入被测光纤,检测光纤沿线各点传回的后向瑞利散射光或菲涅耳反射光信号,根据后向光信号沿时间轴的幅度曲线得到光纤或光缆的长度和损耗特性。光纤长度由发射脉冲与返回光信号的时间间隔以及光纤中的光速计算得到，光纤损耗特性取决于光纤各点返回信号与初始返回信号光功率的比值。

2. 结构组成

OTDR由脉冲光源、光定向耦合器、O/E转换器、放大器、A/D变换器、加法器、定时器、微处理器、显示器等部分组成，典型的原理框图如图6-11所示。

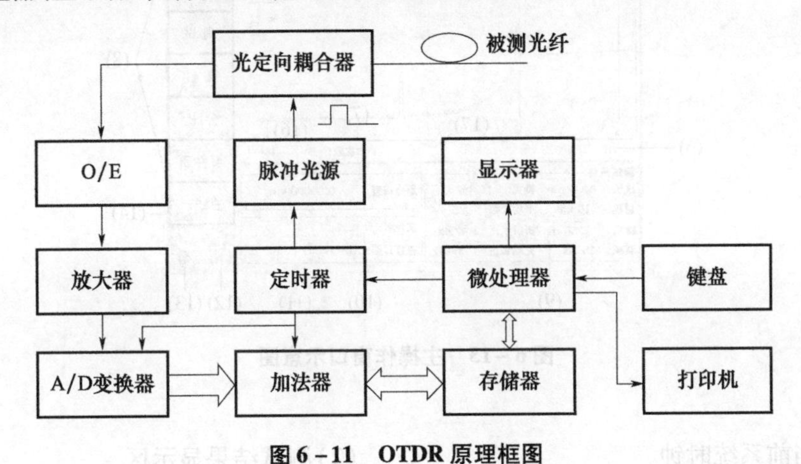

图6-11 OTDR原理框图

脉冲光源输出光经过光定向耦合器注入被测光纤，光纤中返回的菲涅耳反射和后向散射光再经过光定向耦合器进入光接收端，由APD或PIN光电管变换为电信号，经过前置放大器、程控放大器、滤波器进行模拟信号处理，此后如果送入示波器便可显示光纤信号曲线。不过，由于信号很弱，混叠了大量噪声，曲线模糊。因此，OTDR将信号经A/D变换为数字信号后进一步处理。OTDR定时器控制按一定距离间隔取样变换，数据暂存到RAM，同时采样顺序记录了时间信息。经过多次测量，控制每一距离点的对应数据求平均值以降低噪声。之后微处理器进行对数变换和计算处理得到测试结果，在屏幕上显示出测试波形和数据，还可将测试结果打印输出或存盘保留。

3. 仪表外观及主窗口

图6-12所示为AV6418光时域反射计外观，其前面板有光接口、触摸LCD屏和按键区，侧面板有外接直流电源插孔、数据同步线插孔（Mini-USB接口）、USB接口、音频耳机接口、SD卡接口、以太网口、触摸笔、电池仓、仪器把手和背带孔等。

图6-12 AV6418光时域反射计外观

仪表大部分功能可通过单击菜单来实现，如图 6－13 所示。

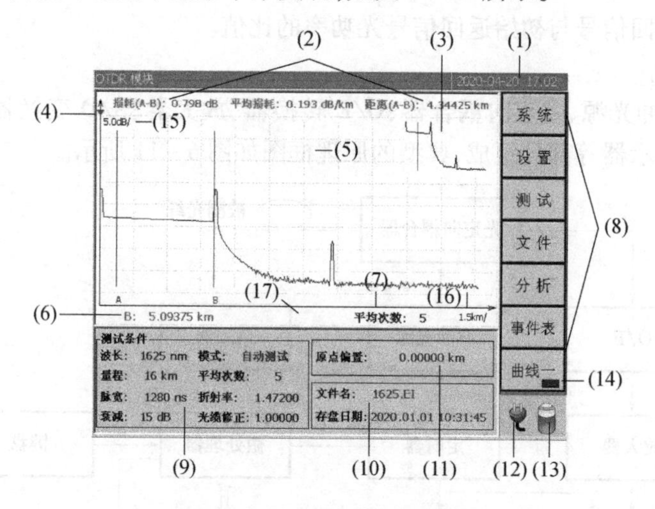

图 6－13　主操作窗口示意图

图中：

(1)当前系统时钟　　(2)测试结果显示区

(3)全局显示总览波形　　(4)参考原点

(5)当前活动光标　　(6)活动光标与参考原点的间距

(7)显示测试平均次数　　(8)菜单栏

(9)测试条件显示栏　　(10)文件名及存储日期

(11)原点偏置位置　　(12)外部适配器接入指示

(13)当前电池电量指示　　(14)当前测试曲线的颜色指示

(15)垂直方向的刻度值(dB)

(16)水平方向的刻度值(m 或 km 或英尺或千英尺)

(17)指示当前活动测试曲线的图标

4. 操作方法

(1)选择测试波长。

(2)设置测试模式等测试条件。

(3)清洁被测光纤。

(4)将被测光纤接入 OTDR 光输出端口。

(5)按下【测试】键，获得被测光纤的波形曲线。

(6)测试停止后，如果选择了自动测试模式或者取样后自动分析，则仪器将自动对测试曲线进行分析，根据设置的损耗分析阈值标示出事件点，并给出事件列表。否则，需要单击主菜单栏内的【分析】按钮，仪器将对测试曲线进行分析，然后根据设置的损耗分析阈值标示出事件点，并给出事件列表。

(7)曲线分析完毕后，在事件表内查看测试结果。

说明 1：

OTDR 的测试模式分 4 种：自动测试、实时测试、平均测试和盲区测试。

①实时测试和平均测试模式为手动测试，需要自行设置测试条件(量程、脉宽和衰

减）。实时测试按下【停止】按钮时才会停止测试。

②自动测试模式下，仪器将根据被测光纤的情况自动设置和调整测试条件，测试完毕后仪器将对测试曲线进行分析，给出事件列表。在其他的测试模式下，只有选中【取样后自动分析】功能，仪器才会在停止测试后，自动对测试曲线进行分析，否则必须单击主菜单栏内的【分析】按钮，仪器才会对曲线进行分析，然后给出事件列表。

③盲区测试模式下，测试条件固定设置为400m、5ns和20dB，用于测试光纤跳线等较短的光纤。

说明2：

【波长】在平均测试、自动测试、盲区测试模式下，允许同时选中3个波长。仪器依次在每个选中的波长下进行测试，直至将所有选中的波长均测试完毕后，才停止测试。

【量程】400m、800m、1.6km、3.2km、8km、16km、32km、64km、128km、256km、512km可选。量程必须大于被测光纤的长度，最好设置为大于被测光纤长度的两倍。

【脉宽】较大的脉冲宽度能够测试较长的光纤，测试曲线的信噪比较好，曲线较平滑，但分辨率较差；较小的脉冲宽度具有较高的分辨率，但能够测试的距离较短，测试曲线的信噪比较差。

【衰减】设为0dB、5dB、10dB、15dB和20dB。如果衰减最小（如0dB），则能测试的光纤长度最长，但光纤近端可能饱和（在屏幕上显示为一直线）；如果衰减最大（如20dB），则能测试的光纤长度最短，且测试曲线的信噪比较差，但测试盲区将会较小。

【平均次数】平均测试模式下的数值范围为1～4000；自动测试模式下的数值范围为5～20。平均处理次数越大，则测试曲线越光滑，即信噪比越高。测试曲线信噪比的增加有利于OTDR检测更小的事件点。

【折射率】从生产厂家获得。折射率设置不准确，测得的光纤长度也不准确。

【光缆修正】光纤成缆后，光纤长度和光缆长度间的误差修正，从光缆生产厂家获得。数值为0.80000～1.00000。默认值为1.00000。

5. 注意事项

（1）避免激光器输出直接射入眼睛，不要用眼睛直视OTDR的光输出端口，也不要在测试时，直视光纤的尾端。

（2）不能将带有任何光信号的光纤连接到OTDR端口上，这样会导致OTDR永久性的损伤，确保在连接时所有光纤都是在无信号状态下。

（3）将光纤接入端口前，一定要将光纤端面清洁干净，否则将会导致OTDR测试误差。

（4）必须保持OTDR光输出连接器内部的清洁，避免油膏等污物污染光输出连接器，否则将导致OTDR无法测试出光纤曲线。

6.3.3　操作步骤

（1）连接。清洁跳线两端的活动接头，用跳线连接OTDR与所测光纤链路。

（2）打开OTDR并设置参数。测试方式设置为：采用自动测试方式；损耗分析阈值设置为0.05dB；熔接损耗阈值设置为0.02dB；反射损耗通过阈值设置为40dB；光纤断点阈值设置为3dB；波长设置为1310nm（SM）；平均次数设置为10；折射率设置为1.47200；光缆修正系数为1.00000。

(3)返回主操作界面,进行测试。

(4)查看测试曲线和事件表。

(5)保存并打印测试报告。测试报告内容包括测试条件、测试曲线、测试结果、事件表等信息。

6.4 中断光缆的接续

在光缆线路敷设中,单盘光缆长度一般不超过5km,几十公里的传输链路需要进行多次接续。当光缆遭到破坏时,也要通过光缆接续使线路恢复畅通。因此光缆接续是光缆线务员应熟练掌握的必备技能。

6.4.1 实训目的

掌握光缆接续的操作技能。

6.4.2 工具器材

工具器材包括:室外光缆4m,光缆接续盒及配件1套,光缆接续工具1套(含光纤开剥器、斜口钳、老虎钳、六角扳手、螺丝刀、剪子、美工刀、扎带、胶带、卫生纸、劳保手套等),光纤熔接套装1套(含熔接机、切割器、米勒钳、酒精、棉花、热缩管等)。

6.4.3 操作步骤

(1)光缆开剥:

① 去除外护套:用开剥刀去除光缆外护套,开剥长度80cm左右。

② 去除填充物:用剪刀去除所有软性填充物,仅保留内有光纤的缓冲套管。

③ 去除加强芯:在距离开剥处5~6cm处,用钢丝钳剪断金属加强芯。

(2)加强芯固定:光缆穿过光缆接续盒两端侧孔后,将加强芯固定在接续盒的螺柱上。使用扎带将缓冲套管固定在光缆接续盒侧边。

(3)光纤熔接:使用剥线钳自扎带约3cm处直至末端,将缓冲套管全部去除,露出管内多根涂覆光纤。用清洁纸巾擦拭掉涂覆光纤的油膏。使用熔接机完成对应缆芯的熔接。

(4)余纤收容:将熔接好的光纤采用8字法盘绕在接续盘内,热缩管固定在盘槽中,并使用绝缘胶带粘贴固定。

(5)密封保护:盖上接头盒,使用胶带、防水泥等做密封处理,并锚上螺钉。

注意事项:

(1)领取和返还工具均需清点。

(2)工具使用过程不能随意丢放。

(3)截断钢丝放入垃圾桶,不可对人对己。

(4)使用美工刀刀口向内,用后刀刃收回。

6.5 光缆成端

光缆线路在局外无论采用哪种敷设方式,最终都必须进入局站光端机房。光缆成端就是指室外光缆线路到局站后与光端机相连的操作,一般是在光缆端接盒内完成光缆中的光纤与盒内尾纤的接续和固定。

6.5.1 实训目的

掌握光缆端接的操作技能。

6.5.2 工具器材

工具器材包括:室外光缆(2m以上),盒式端接盒及配件1套,光缆接续工具1套(含光纤开剥器、斜口钳、老虎钳、六角扳手、螺丝刀、剪子、美工刀、扎带、胶带、卫生纸、劳保手套等),光纤熔接套装1套(含熔接机、切割器、米勒钳、酒精、棉花、热缩管等),红光笔1支,光纤跳线1根。

6.5.3 操作步骤

(1)光缆开剥:用开剥刀去除光缆外护套,开剥长度80cm左右。剪断钢丝,保留5~6cm,去除其他填充物。缓冲套管保留长度约为距离光缆开剥处8~10cm,其他全部去除,用清洁纸巾擦拭掉涂敷光纤的油膏。

(2)加强芯固定:对盒式光缆端接盒,光缆穿过端接盒侧孔后,将加强芯固定在端接盒的螺柱上。缓冲管用扎带固定在接盒侧边。

(3)光纤熔接:使用熔接机完成对应缆芯与端接盒内尾纤的熔接。

(4)余纤收容:将熔接好的光纤采用8字法盘绕在接续盘内,热缩管固定在盘槽中,并使用绝缘胶带粘贴固定。

(5)连通性测试:在端接盒的光接口处,使用红光笔注入红光,从光缆的另一侧,观察红光的输出。若没有红光输出,说明该条线路不通。

6.6 2M接口误码测试

在系统安装调试、日常维护和故障检测中,经常要进行系统误码测试。2M误码测试是光纤通信机务员的必备技能。

6.6.1 实训目的

(1)掌握误码测试仪的正确使用。

(2)掌握光传输系统2M误码测试的操作技能。

6.6.2 工具器材

工具器材包括:光端机设备2套(含DDF架)、误码测试仪1台、测试电缆若干。

误码测试仪是数字通信系统的常用维护仪器,可以对被测系统或端机的传输质量进行综合精确的评价,用于 PCM 端机和以光纤、微波、卫星、同轴电缆、对称电缆等为传输方式的通信系统。误码仪可以用于系统的端对端测试、环路测试和在线测试,它不仅是数字通信系统的维护仪器,也是科研、生产和线路施工工程单位的标准测量仪器。下面以 AV5232C 型误码测试仪为例进行介绍。

1. 面板及按键功能

AV5232C 型误码测试仪的前面板框图如图 6-14 所示。

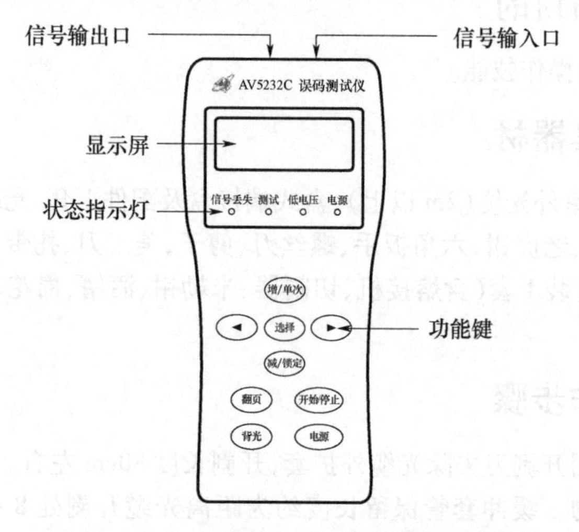

图 6-14 AV5232C 型误码测试仪前面板

主要按键功能为:

【▶】光标右移键

【◀】光标左移键

【增/单次】数字递增/单次误码键

【减/锁定】数字递减/面板锁定键

【翻页】显示换页键

【选择】功能选择键

【背光】背景光开关

【开始/停止】测量开始/停止键

指示灯功能如下:

【信号丢失】无信号指示

【电压低】电池电压不足指示

【电源】12V 电源指示

【测试】正在测量指示

2. 误码测试仪工作原理

误码测试仪由发射和接收两部分组成,其原理框图如图 6-15 所示。

图中的发射部分,时钟电路产生内部时钟信号;图形发生器用于产生 PRBS 和可编程字图形信号;编码输出电路对各种图形进行编码,并放大输出;CPU 电路根据前面板设置的状态控制上述电路,并在显示器上显示这些状态。

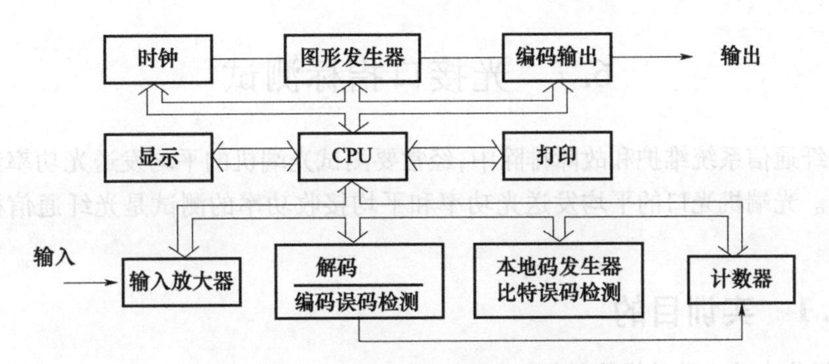

图6-15　AV5232C误码测试仪原理框图

图中的接收部分，输入数据经过放大和整形，由解码器进行解码，成为NRZ数据，并进行编码错误的检测。解出的NRZ数据与本地图形发生器产生的数据进行比较，得到比特误码。CPU控制各功能状态，读取计数器中的数据，进行处理，并显示和打印。

3. 测试结果说明

(1)误码计数(EC)：测量时间内的误码总数。

(2)秒误码率(SER)：1s内的误码总数与该秒内时钟总数之比。

(3)误码率(ER)：测量时间内的误码总数与时钟总数之比。

(4)无误码秒(EFS)：在可用时间内，无误码的秒的总数，等于可用时间减去误码秒。

(5)不可用秒(US)：当误码率连续10s大于10^{-3}时，不可用秒开始，再加上前面10s，被认为是不可用秒。

(6)不可用秒百分数(US%)：不可用秒与测量时间之比。

(7)严重误码秒(SES)：在可用时间内，秒误码率大于10^{-3}的总秒数。

(8)劣化分(DM)：在可用时间内，除严重误码秒外，误码率大于10^{-6}的分钟数。

6.6.3　操作步骤

(1)开机自检。打开误码仪电源开关，检查电池电量。用配给的高频自检线将仪器的信号输出端和输入端短接起来。观察告警指示灯，均不亮，则仪表工作正常。

(2)误码测试仪与本地DDF架的被测2M通路的输入输出端口连接，设置伪随机码长度为($2^{15}-1$)，输出2M测试信号。

(3)选择对端DDF(数字配线架)的被测2M接口，横插U形同轴连接器，实现远端2M接口的硬环回。

(4)单击【开始】按键，开始测试。半分钟后，单击【停止】按键，结束测试。记录显示的误码率的值。(正常情况下，短时间内不会有误码产生)

(5)在光链路中加入光衰减器，模拟光传输链路质量恶化。增大衰减值，使接收机的接收光功率逐步减小，直至系统处于误码状态(蜂鸣)，再次测试并记录误码率的值。

(6)填写测试数据：

测试时间	2M接口号	误码率	测试时长

6.7 光接口指标测试

在光纤通信系统维护和故障排除中，经常要测试光端机的平均发送光功率和平均接收光功率。光端机光口的平均发送光功率和平均接收功率的测试是光纤通信机务员的必备技能。

6.7.1 实训目的

(1)强化光功率计的操作使用。

(2)掌握光接口板平均发送光功率的测试操作。

(3)掌握光接口板实际接收光功率的测试操作。

6.7.2 工具器材

工具器材包括：光端机2套、光功率计1台、光纤跳线1根、光纤清洁工具1套。

6.7.3 操作步骤

(1)测试光接口板平均发送光功率。

①打开光功率计。开机后，光功率计需要进行几十秒的预热。

②拔下所测光接口板上的“OT”接口的光纤接头，在其接头上套上防尘帽。

③用光纤跳线连接光接口板的出口和光功率计，连接前擦拭跳线活动连接器的陶瓷端面。

④根据光接口的工作波长，设置光功率计的测试波长。

⑤观察光功率计上的读数，待读数稳定后，记录此时的光功率值，该光功率值即为该光接口的实际平均发送光功率。

平均发送光功率测试结果记录表

光口	最大平均发送光功率/dBm	最小平均发送光功率/dBm	实测值/dBm
STM-1	-8	-15	
STM-4	2	-3	

⑥如果所测光功率值不在参考信息给出的范围(参考范围根据所测光端机产品描述给出)，对连接设备和光功率计的光纤连接器进行检查和清洁，重新测试。

⑦测试值正常后，清洁输出光纤的活动连接器陶瓷端面，恢复所测光接口板的光纤连接。

(2)测试光接口板实际接收光功率。

①拔下本站光接口板“OR”接口上的尾纤，清洁尾纤活动连接器的陶瓷端面，然后与光功率计相连。

②根据光接口的工作波长，设置光功率计的测试波长。

③待光功率计的读数稳定后，记录此时的光功率值，该光功率值即为该光接口的实

际接收光功率。

实际接收光功率测试结果记录表			
光口	最小灵敏度/dBm	最小过载/dBm	实测值/dBm
STM-1	-34	-8	
STM-4	-28	-6	

(3)如果实际接收光功率值不在参考范围内,按下列方法排查并重新测试。

①接收光功率过低,检查光纤连接器、ODF侧法兰盘和光衰减器是否正常,检查并清洁光纤连接器。

②接收光功率过高,检查光衰减器是否正常工作,或者在ODF侧增加光衰减器。

(4)测试值正常后,恢复所测光接口板的光纤连接。

6.8　活动连接器的损耗测试

光纤活动连接器插入损耗的大小影响光纤链路的整体性能。本节学习一种简易的方法粗略估算光纤活动连接器的插入损耗。

6.8.1　实训目的

(1)强化光源和光功率计的操作使用。

(2)理解光纤活动连接器的指标含义。

(3)掌握光纤活动连接器的插入损耗的简易测试方法。

6.8.2　工具器材

工具器材包括:光源1台、光功率计1台、光纤活动连接器2个、光纤跳线若干。

6.8.3　操作步骤

(1)参照图6-16(a),通过一段短光纤连接光源与光功率计,测试并记录功率值P_1(dBm)。

(2)参照图6-16(b),连接器在线情况下重复测试,记录测得的功率值P_2(dBm)。

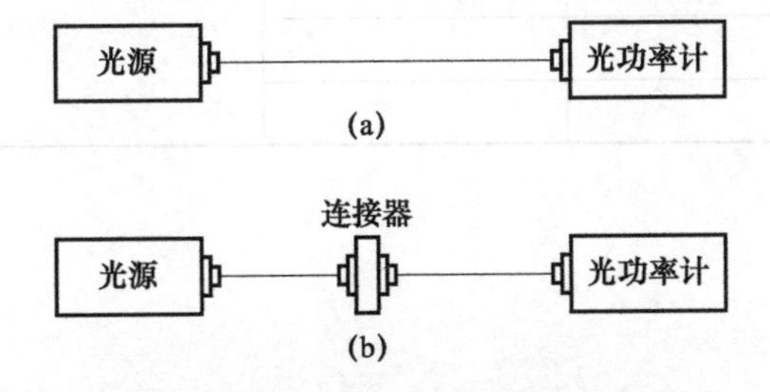

图6-16　光连接器的插入损耗测试连接图

(3)计算两个读数之差就是连接器的插入损耗α(dB)。

(4)利用光功率计的相对测量键重新进行测试,比对两种测量方法的结果是否一致。

器件编号	P_1/dBm	P_2/dBm	插入损耗 α/dB
1			
2			

6.9 光耦合器的指标测试

光纤耦合器的插入损耗与各支路的功率分配相关，并不能体现光纤耦合器的整体损耗性能，只有附加损耗才能反映出由于光纤耦合器的使用带来的总损耗。本节学习光纤耦合器的两个重要指标——分光比、附加损耗——的测试方法。

6.9.1 实训目的

(1)强化光源和光功率计操作使用。

(2)理解耦合器的性能指标含义。

(3)掌握附加损耗、分光比的测试方法。

6.9.2 工具器材

工具器材包括：光源1台、光功率计1台、1×4光分路器1个、光纤跳线若干。

6.9.3 操作步骤

(1)用一段短光纤跳线连接光源与光功率计，测试并记录功率值 P_i。

(2)将1×4光分路器的合路端口与光源相连，光功率计分别与4个分支端口相连，测试并记录功率读数 P_{o1}、P_{o2}、P_{o3}、P_{o4}。

(3)利用公式计算光耦合器的附加损耗和分光比。

测试内容	测试结果		分光比	附加损耗/dB
	线性值	对数值		
P_i				
P_{o1}				
P_{o2}				
P_{o3}				
P_{o4}				

参考文献

[1] [美]DJAFAR K MYNBAEV,LOWELL L SCHEINER. 光纤通信技术[M]. 徐公权,等译. 北京:机械工业出版社,2002.
[2] 乔桂红,辛富国. 光纤通信[M].3 版. 北京:人民邮电出版社,2014.
[3] 军队通信与计算机专业士兵职业技能鉴定指导中心. 军队通信与计算机专业士兵职业技能鉴定理论知识考核指南——电信机务员(光纤通信)[M]. 北京:解放军出版社,2016.
[4] 军队通信与计算机专业士兵职业技能鉴定指导中心. 军队通信与计算机专业士兵职业技能鉴定理论知识考核指南——电信机务员(光缆)[M]. 北京:解放军出版社,2016.
[5] 彭利标. 光纤通信[M]. 北京:机械工业出版社,2008.
[6] 原荣. 光纤通信[M]. 北京:机械工业出版社,2011.
[7] (美)Gerd Keiser. 光纤通信[M]. 蒲涛,等译. 北京:电子工业出版社,2016.
[8] 胡庆,殷茜,张德民. 光纤通信系统与网络[M].4 版. 北京:电子工业出版社,2019.
[9] 曾庆珠,杜庆波等. 光纤通信技术与设备[M].3 版. 西安:西安电子科技大学出版社,2019.
[10] 吴齐勇. OTN 技术在通信工程中的应用[J]. 通讯世界,2020(12):79-81.
[11] 林燕. OTN 技术及组网方式探究[J]. 数码设计,2018(12):1.
[12] 申有祥,曲志明,等. ASON 技术在 SDH 传输网中的应用[J]. 中国新通信,2019(24):100.
[13] 王辉. 光纤通信[M]. 北京:电子工业出版社,2019.
[14] 方志豪,朱秋萍. 光纤通信原理与应用[M]. 北京:电子工业出版社,2019.
[15] 李道昌. 基于 DWDM 的光纤通信技术及其发展[J]. 无线互联科技,2018(16):11-12.